東大ハチ公物語

上野博士とハチ、そして人と犬のつながり

一ノ瀬正樹
正木春彦――編

東京大学出版会

上野博士急逝(大正14・1925年・53歳)の２年後、ハチは上野家出入りの植木職人・小林菊三郎(右)に預けられる(所蔵：小林菊三郎遺族)。

上野家の書生と飼い犬。中央がハチ、ハチは生後２～３カ月と思われる。大正13(1924)年ごろか(『ハチ公文献集』林正春編　1991年より)。

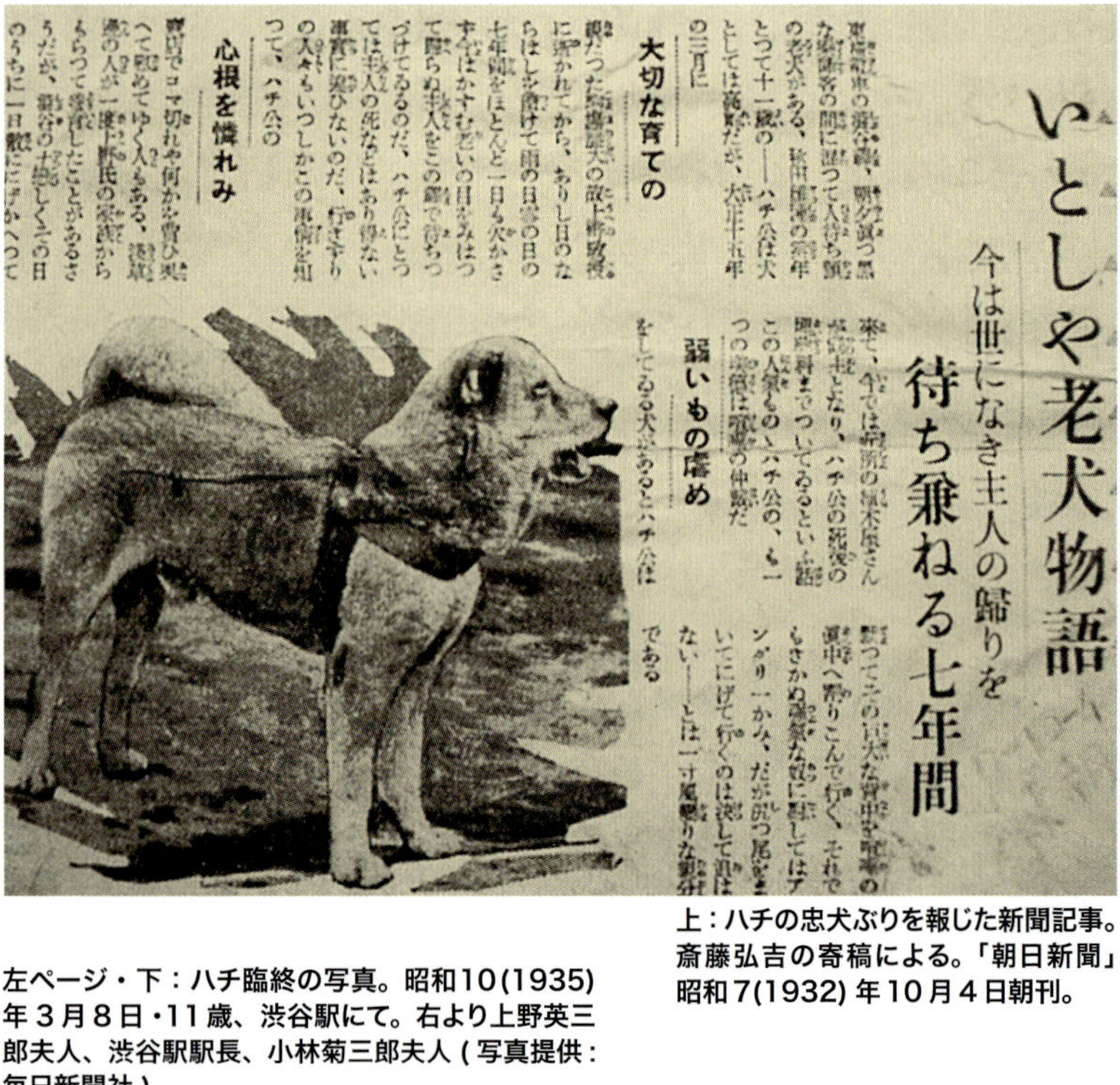

いとしや老犬物語

今は世になき主人の帰りを

待ち兼ねる七年間

大切な育ての

心根を憐れみ

弱いもの虐め

上：ハチの忠犬ぶりを報じた新聞記事。斎藤弘吉の寄稿による。「朝日新聞」昭和7(1932)年10月４日朝刊。

左ページ・下：ハチ臨終の写真。昭和10(1935)年３月８日・11歳、渋谷駅にて。右より上野英三郎夫人、渋谷駅駅長、小林菊三郎夫人(写真提供：毎日新聞社)。

右：渋谷駅前に設置された「忠犬ハチ公」銅像。昭和９(1934) 年４月 (所蔵：白根記念渋谷区郷土博物館・文学館)。上：像の原型を制作中の彫刻家・安藤照とハチ。この像は昭和19(1944) 年に金属供出で失われたが、昭和23(1948) 年８月15日安藤の子息・士の制作で現在のものが再建された (写真提供：朝日新聞社)。

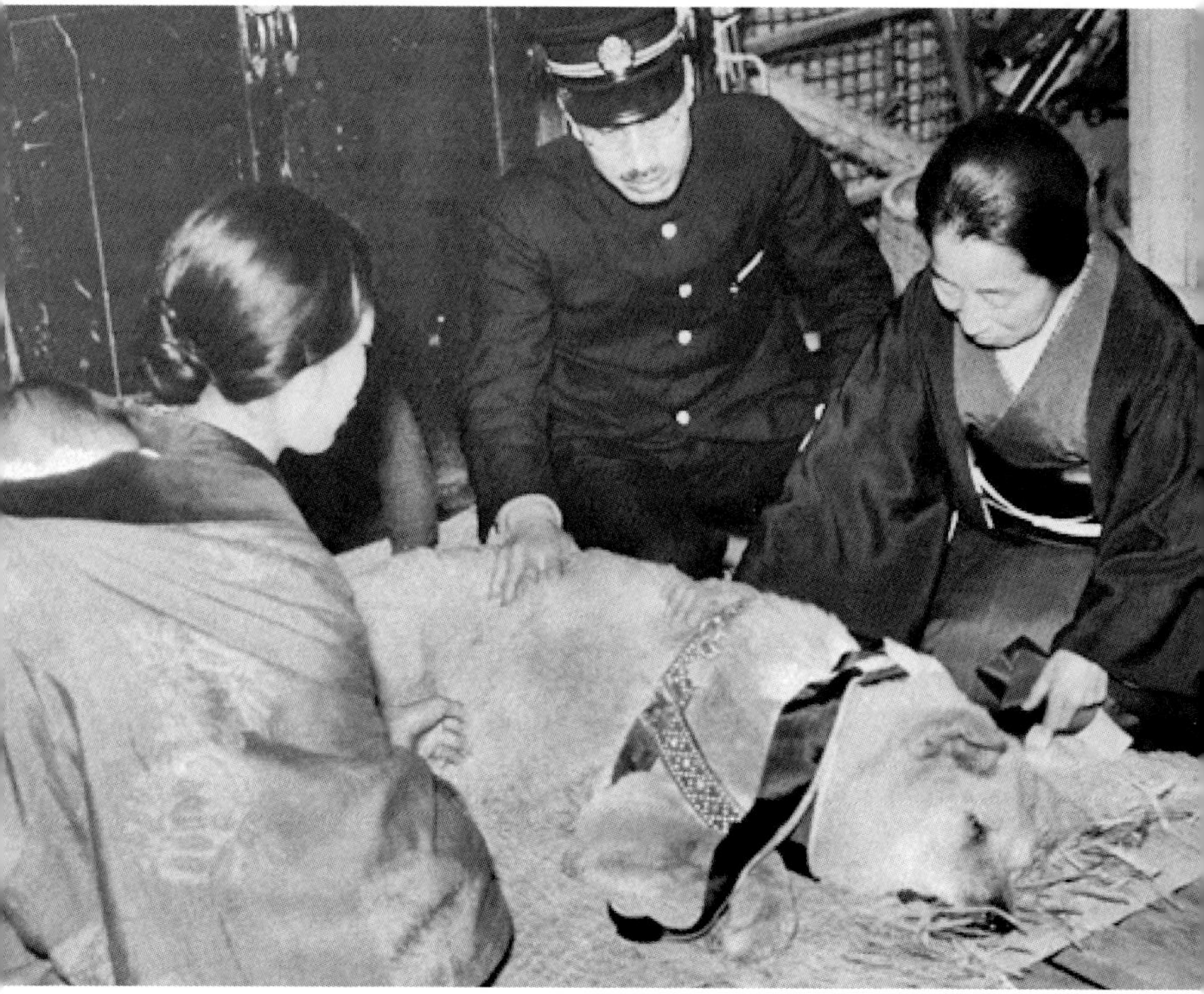

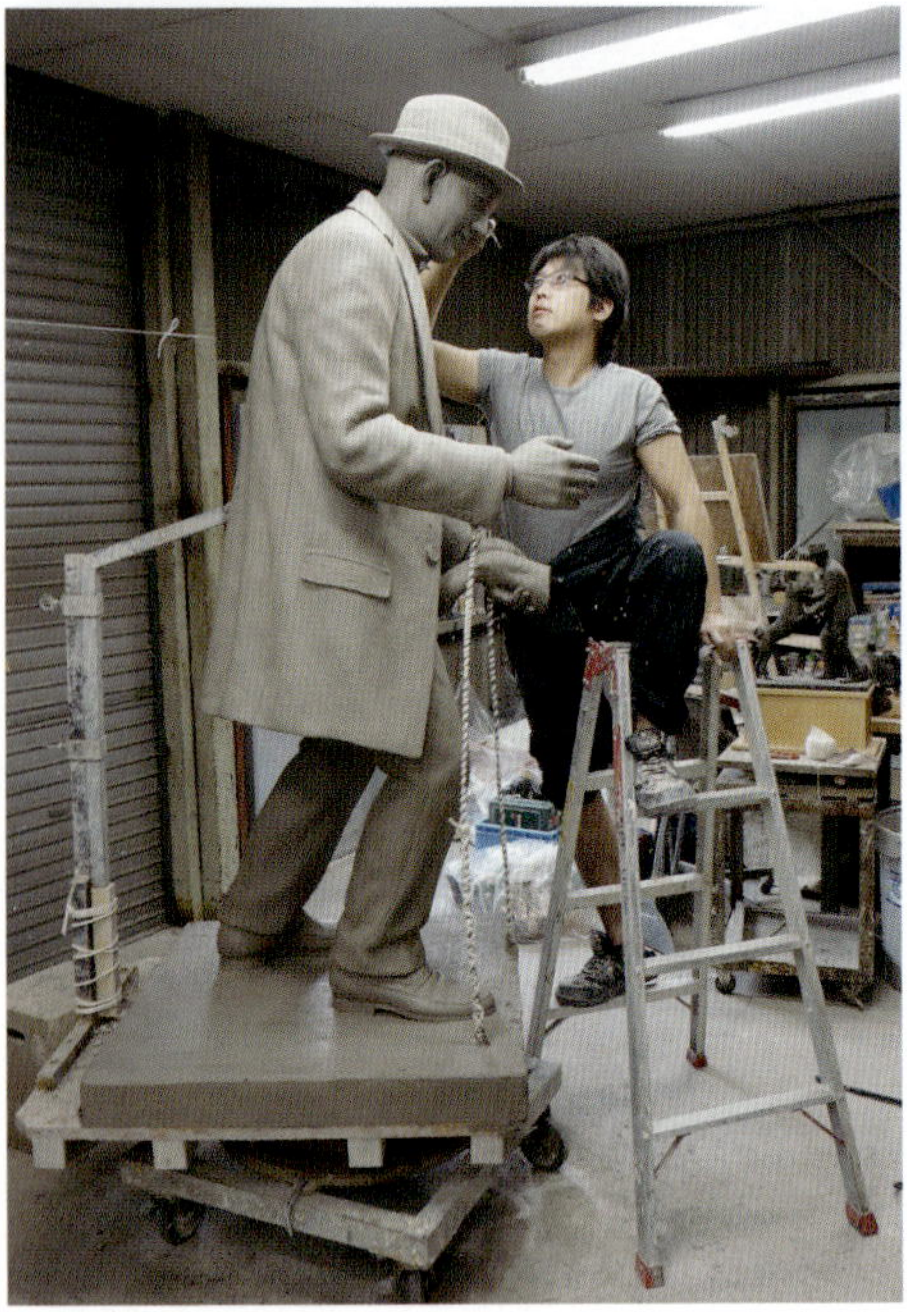

東京大学農学部に設置された「ハチ公と上野博士像」の原型(扉も)。下左はアトリエで制作中の彫刻家・植田努氏。

東大ハチ公物語［目次］

プロローグ

「東大ハチ公物語」のシンボリズム

一ノ瀬正樹

新しい表象空間へ

『東大ハチ公物語』、これが本書のタイトルである。どういう内容を予想するだろうか。まずは、東大とハチ公となんの関係があるのか、という疑問がわくだろう。しかし、それについては、すぐに解明される。渋谷のハチ公像で有名なあのハチが、渋谷駅に迎えに行っていた、その飼い主とは、東京大学教授の上野英三郎《ひでさぶろう》博士だったのである。この事実は、知る人にとっては旧聞にすぎないが、じつは、現在の東大の教職員でさえこのことを知らない人がいるほど、認知度は低い。その意味で、上野博士とハチの結びつきを広く知らしめることには、一定の啓蒙的な意義があるし、たしかにそのことが本書出版の最初の動機でもあった。今年二〇一五年はハチ没後「ハチ十年」であり、事実の啓蒙の機会としては、ベストのタイミングである。けれども、本書は、「物語」と銘打つ以上、たんにそうした事実を記述しているだけではないだろう。では、いったいなにを語る本なのか。上野博士とハチに絡んだ東大生の青春ストーリーか、あるいは、ハチについての秘話か。いずれにせよ、なにか小説めいた内容なのではないか。

じつは違うのである。どう違うか、この「プロローグ」において、本書の趣旨を説明し、その目指す射程を示しておきたい。キーワードは、「歴史」と「創造」である。その二つの概念を通じて、東大とハチの結びつきが、物語という位相のもと、小説などの既成のジャンルとは異なる、新しい表象空間を拓いていく過程、それが本書のありようである。いってみるならば、「東大ハチ公物語」は、アカデミズムの空隙に潜むひだを押し広げ、未踏の領地を垣間見せる、一種のシンボリズムとして機能していくのである。ほんの小さな書籍ではあるが、私たちは、その射程を遠く見つめつつ、チャレンジングななにごとかを実践しようとしている。その導入として、まずは、「歴史」について述べ始めよう。

歴史の物語論

歴史とは物語である。そういう考え方を意識的に理解したのはいつのころだったか。哲学の大学院に入ったばかりのころだろうか。日本の中世史に関して、少年時代よりアマチュア的な嗜好性を持ち続けていた私は、おそらく暗黙的に、歴史というのは過去の出来事の正確な描写を目指すものであり、そうした正確さを究めていくことが歴史学の仕事である、という素朴な理解をしていたのだと思う。足利尊氏が光厳上皇から院宣を受けたとたんに、尊氏の軍勢の意味合いが、いわば客観的に変化したのだと、そんなふうに表象していたのだ。しかし、じつは、事態はぜんぜん違うのだ、という見方を「歴史の物語論」はもたらしてくれた。歴史は客観的な事実の描写などではない。そうではなく、与えられた材料を、歴史家や作家のそれぞれの観点から、物語として構成していくこと、それが歴史の本質なのだという考え方。つまり、客観的な事実の正確な描写はむずかしいので、なんとか不足点を取り繕うために筋書きをつけて、不完全ながらももっともらしくする、というのではなく、そもそも歴史という営為は本来的に物語であること、さしあたり物語としてしか記述できないのではなく、積極的に物語として成立していること、こういう歴史観である。これは、未熟な私にとって、相当に衝撃的な歴史観であった。

しかし、ちょっと冷静に考えてみれば、それはそうだ、と思えてくる。だいたい、過去について、客観的事実を正確に記述するとは、どういうことなのか。厳密にいえば、それは過去を再現するということになるしかあるまい。それは、どだい無理なことである。というより、過去を再現するということは、定義的に、それは過去ではなく現在になってしまう、ということであり、文字どおりの背理である。厳密性を追求する限り、「過去」はとてつもない難物として立ちはだかる。もはや過ぎ去って、無いもの。それを、いま、在るものとして扱おうとする。「在った」という時制のトリックとともに。私たちは、過去や歴史について語るとき、それが客観的事実にかかわっていると見なす限り、とんでもないアクロバティックなことをしていることに、というか、本来不可能なことをしているかのように偽装していることに、なってしまうのである。けれども、そうした客観的事実の呪縛を不要な呪縛としてほどいて、歴史とは本質的に物語なのだ、と喝破してしまえば、眺望がぱっと明るくなる。無理な課題から解放されて、のびのびと、歴史というフィールドに入り込める。しかも、失うものはなにもない。最初から、過去そのものなど、私たちは有していなかったのだから。いま手元にある資料、それを組み合わせながら、私たちは物語を構成する。それしかできない、のではなく、そうすることが、過去を、歴史を、振り返る、ということそのものなのである。

「歴史の物語論」は普遍性を勝ち得た理論である、といいたいのではない。もっと煮詰めていく必要があるし(一ノ瀬正樹、二〇〇六。『原因と理由の迷宮』勁草書房、第三章参照)、いささか開きなおりすぎではないかという印象を与えもしよう。たしかに、物語論を採ると、歴史的資料の持つ意義が、本来そうであるよりも低く見積もられがちになる。しかるに、資料やデータにかかわりなく、なんでも自由に物語ればよい、ということになるはずがない。資料やデータと整合的であることは、最低限の条件であろう。けれども、そうした偏向の恐れなきにしもあらずとはいえ、「歴史の物語論」が理論的に依拠している、過去は不在であり忠実な再現はそもそも不可能である（そうした再現を求めるということ自体が意味不明な要請である）、という理解は大筋において妥当であるというべきだろう。すなわち、歴史とは、手持ちの資料やデータと整合するという制限内において、なんらかの意匠やデザインを盛り込み、物語を構成することである、という大枠は「歴史の物語論」のもたらす真理として受け入れることができるのである。

東大とハチ

だとしたら、私たちが、ちょうどハチ十年前に亡くなった、あのハチについてあらためて振り返り、上野博士との交流の事実を物語るとき、なにかのデザインが入り込んでいなければならないことになる。この場合、そうしたデザインは、なにか夾雑物のようなものとして入り込まざるをえないというのではなく、積極的にそうしたデザインを定立することによって初めてハチ公物語が立ち上がってくる、というのが「歴史の物語論」の含意である。

では、本書『東大ハチ公物語』を成り立たせしめるデザインとはなにか。むろん、冒頭に述べたように、ハチと東大との結びつき、すなわち、東京大学農学部の上野英三郎教授こそがハチの飼い主であり、ハチが渋谷駅に何年間も迎えに行っていた当の人である、という事実を知らしめる、という動機が発端として重きをなしていたことはまちがいない。世界中に知られているハチ、しかしそのハチが会おうとしていた人物がどういう人なのかを、日本人が知らない、というのはいかにも奇妙なことではないか。それは、是正されるべきではないか。そういう想いを私たちは共有していた。そういう是正のためのひとつの手がかりとして、私たちは、二〇一五年三月八日の、ハチ没後「ハチ十年」を記念して、上野博士ゆかりの東大農学部弥生キャンパスに「ハチ公と上野博士像」(「東大ハチ公像」)を建立するという企画を立てた。

じつは、そもそもの発端は編者一ノ瀬の発議にある。二〇一〇年に、二〇一五年の「ハチ」没後「ハチ十年」に合わせて、東大として記念的ななにかを行うべきではないかと、当時の佐藤慎一副学長に相談をしにいったのである。そこで私は、それは農学部にかかわることだから、農学部に訴えかけてみたらどうか、といわれた。それを受けて私は、ある全学委員会を通じて面識のあった、農学部の正木春彦教授に相談を持ちかけたのである。正木教授がご賛同くださり、像を建てるという方向で話が進んでいった。とりわけ、上野教授が属していた研究室の、現在の主任であられる、塩沢昌教授が全面的にご尽力くださったことが大きい。塩沢教授のご尽力で、彫刻家の植田努氏に「ハチ公と上野博士像」の制作をお願いするに至ったのである。今回の像は、上野博士を迎えてハチが喜んで飛びつこうとしている図柄にした。上野博士とハチの結びつきを生き生きと表現したいというのが私たちの希望だったからである。そして同時に、像建立を記念して、ちょうど一年前の二〇一四年三月八日に「東大ハチ公物語」と題したシンポジウムを行おうと正木教授が提案され、それが農学部弥生講堂一条ホールにて予定どおり実施された。シンポジウムは、塩沢教授による上野博士の農業土木についての業績紹介などを含めた基本講演を皮切りに、動物学、生態学、社会学、哲学・倫理学など多様な視点から、「ハチ」をめぐるアカデミックな表象空間を展開する場となった。本書は、そのシンポジウムの内容を骨組みとして、そして同時に、「ハチ公と上野博士像」の除幕式に合わせて、その案内役を担う書物となるべく、東京大学出版会との連携のもとで成り立ったものである。その根底に、東京大学になにか明るい話題を提供したいという、私自身の我欲のようなものが潜在していたかもしれないが、それはよくいえば、私の（そして執筆者のみなさんの）愛校心に動機づけられていたと表現できるのではないかと感じている。

ハチ公物語のデザイン

けれども、本書の、そして「ハチ公と上野博士像」建立の、真のデザインは、いま述べたような、東京大学に内在的な、いわば内輪だけのお手盛りのロジックではない。そもそも、当初から、なにゆえ「ハチ」に視線を注ぐのかというと、ひとえに、それが感動を呼び起こす物語としてきらきらと輝いていて、ハチという犬の個体そのものはもちろんのこと、それだけでなく、それを超えて犬全体に対して、あるいはさらに哺乳類・動物全般に対して、私たち人間の愛着を強く強く呼び起こすからなのである。

このような事情である以上、ハチを柱とする本書は、そしてそれと連動する「ハチ公と上野博士像」は、さしあたり二重の意味でシンボル性を帯び、物語性をまといつけてくる。そうしたシンボル性が、本書のデザインにほかならない。ひとつには、その内容が、ハチを具象的実体として持ちつつも、それは犬一般、動物一般をシンボリックに表象する空間点となり、見る者を、各人の描く犬や動物のぬくもりの想像へと誘導し、異種生物に対する愛着心・敬愛心を呼び起こす。研究者ならば、研究対象として利用する動物たちへの想いを表象するかもしれないし、自分の愛するペットを重ね書きする人々も多いだろう。「像」という、それだけだったら冷たい物理的対象は、こうしたシンボリズムをおよぼしうるのである。まして、中心に「ハチ」という明確かつ重厚な具象があるのだから、しかも、慕う人に喜んで飛びつこうとしている生き生きとした像なのだから、そうした効用はとても大きい。活字化された本書についても同様である。

そして第二に、こちらがいっそう重要なシンボリズムの側面なのだが、実在のハチの生きざまを、事実として伝えられている過去の歴史的ありようを、「感動的な、きらきら輝く」物語として描くというシンボリズムを、本書と「ハチ公と上野博士像」は伝えるはずである。これこそが、先に述べた「歴史の物語論」の帰結であり、本書を構成するデザインの骨子である。頭を冷やして考えてみるならば、上野博士亡き後、博士を迎えに行こうと渋谷駅に通ったハチに、後世の人々を感動させてやろうなどという意図などあろうはずもなく、おそらく確実に、彼のなかには、ただひたすら、慕う人に会いたいという純粋無垢な衝動だけがあったのだと思う。いや、「純粋無垢」という形容も、すでにして、私たち人間の余計な物語り方なのであって、ハチ自身には、純粋無垢もへったくれもなく、ただただ、自分の衝動に従ったという、善悪も美醜も関係ない、シンプルな事態が生じていたにすぎないというべきなのだろう。けれども、私たち人間は、それを感動の逸話として物語り、像を制作したり、本を出版したりする。ハチ自身にしてみたら、いったいなにごとですか、ときょとんとしてしまうなりゆきだろう。しかし、人間はそのような感動物語をどうしても描いてしまう。それは、人間の弱さであり、情けなさである。本書と、「ハチ公と上野博士像」は、こうした私たち人間の、やるせない心弱さをシンボリックに表象しているのであり、表象してしまわざるをえないのである。

だいたい、この企画の当初から、一部異論が伝えられてきていた。たんなる犬っころに過大な思い込みを込めて、それにへつらうような態度は、道徳的に問題があるのではないか。しかも、東京大学という、いやしくも日本国の首都に構える学府が、しかも大学教授たるアカデミズムの代表が、犬一匹に誇大妄想を抱き、それどころか、あわよくば大学の宣伝にしようといった、まるで営業をしているかのような仕儀に至るとは。なんと情けないことよ。なんという体たらく。学問もここまで堕落してしまうのか、と。然り。私も、こうした指摘には相応の真理が込められていると思う。

シニシズム

ただ、こうした指摘は、じつをいうと、当初から想定されていたのである。むしろ、犬を主題とするという営みにとって、歴史的にほぼ必然的にともなう反応なのである。とりわけ日本はそうである。私は、いろいろな哲学倫理系の学会や研究会において、犬や動物の視点から見たらそれはどうなのか、という質問を何度もしたことがある。すると、多くの日本の研究者は、ほぼ必ず笑う。本題からそれた、冗談めいた、人をリラックスさせるような、二次的三次的な指摘だと、そう感じるようなのである。いまでも犬を庭の片隅で鎖につないで飼ったり、飼えなくなったといって安易に保健所に持ち込んだりする率が高いわが国である。致し方ないのかもしれない。

いや、日本に限らない。犬や動物を主に位置づけるという態度は、日常的な常識に反する面を持つがゆえに、それを本気で考え、実践する人々は奇異な目で見られてきた。本書の一ノ瀬論文（第1話）でも触れているが、古代ギリシアにおいて、知識偏重に逆行するような、無為自然を宗とする実践的哲学態度を追求した、そして犬のような生活を理想とするとした、アンティステネスやディオゲネスに代表される「犬儒派」（キュニコス派）という、いまに至っても奇妙な影響力を残存させている哲学の一流派がある。樽に住んだとか、アレクサンダー大王の謁見に際して日光を遮るのでどいてほしいと述べたとか、仰天するようなエピソードで彩られている、異彩を放つ哲学思潮である。犬のような生活など、道徳的に劣った、下劣なものだ、という常識に真っ向から異議を挟む態度であるがゆえに、「シニシズム」すなわち「皮肉」という言葉の語源ともなった。そして、この伝でいけば、今回の「東大ハチ公物語」プロジェクトもまた、犬を主に位置づける企画であるがゆえに、いわば本質的に「皮肉」の色合いを帯びてしまうのである。

ひとつには、こうした企画を（あるいは営業さえ）するに至るとは、大学教授も、そして東京大学も、地に堕ちたものだ、そしてそういうことはすぐにわかりそうなのに、東京大学出版会から書物まで出して、公的に臆面もなく発信できると思い込んでしまっているとは、なんという「皮肉」なことか、という意味合いである。遠藤論文（第4話）にも、こうした指摘が一部込められている。これは、すでに述べたように、相応に正当性を持つ。正当性を持つと、私たちは自然に感じる。大学たるもの、大学教授たる者、一匹の犬に対する妄想に労力など割かずに（像を造るなどなんと下劣なことか！）、しっかりと学術活動に励むべきだ、と。

しかしながら、「シニシズム」はさらにもう一歩進む。大学教授など、人間の学問など、どれほどのものなのか。なにほどのものなのか。大学教授も地に堕ちたものだという嘆息は、大学や大学教授が、普遍的な幸福の追求という尊い目的のための、いわば高尚な学術研究をしていて、それは犬などにはおよびもつかない高等な営みである、という常識的な

（というよりもむしろ素朴な）前提を根底に潜在させているからこその反応である。けれども、虚心坦懐に振り返って、人間の学術の営みなど、それほどたいしたものなのか。物理学、生物学、それらによってロケットが生まれ、再生医療が生まれた。けれど、そうした知識や技術の発達など、はたして道徳的に高等なことなのだろうか。戦争を巨大化させ、環境を汚染し、人心を荒廃させ、ひいてはほかの生物に迷惑をかけているだけなのではないか。だとしたら、むしろ、人間の知的営みなど、犬のようなシンプルな生活に比較して、かえって劣った、きわめて醜悪な活動なのではないか。生まれて、生きて、潔く死んでいく。そうした、犬だったらさらりと実践しているありようこそが、道徳的な高潔さであって、過剰な欲望も、ばかげた嫉妬も、そうした人間的なものはすべて、じつは人間の劣位性の象徴なのではないか。そんなふうに、「シニシズム」は激化して立ち現れる。

ただ、悲しいことに、私たち人間は、人間らしく（劣等的な仕方で？）立ち振る舞うことしかできない。ハチの生きざまに感動してしまい、それに突き動かされ、記念行事などをしてしまうのである。たとえ、それが、ハチ自身の生きざまに比して、けっして高尚なことではなく、俗物的な行為だろうという論理が心ではわかっていても、である。仕方がない、身の丈に合った仕方で活動していくしかない。開きなおりとも嘆息ともつかぬ、アンビヴァレントな感覚がもぞもぞとうごめく。「東大ハチ公物語」が発散する表象空間には、冷静にいって、こうしたシニカルな含意が（それ自体まことに興味深くはあるが）込められてもいる。すなわち、「東大ハチ公物語」は、人間の学問活動それ自体が宿命的に胚胎する背徳性あるいは自己否定性を、まことにシニカルな仕方で暗示もしているのである。こうした「シニシズム」もまた、「東大ハチ公物語」が担う三つめのシンボリズムである。

ディシプリンの創造

まことに、ハチ公物語の持つ効果性は計り知れない。たとえそれが妄想だとしても、そして人間の劣位性の現れだとしても、その効力には素直に驚嘆するしかない。最後に、本書の内容に即して、その効力のもたらす可能性、すなわち、新しい学問領域の創造可能性について触れて、プロローグを閉じたい。

本書『東大ハチ公物語』は、目次を見ればただちに了解されるように、文理融合型の論集の形をとっている。すでに述べたように、本書は二〇一四年三月八日のシンポジウムを土台にした論集なのだが、そのシンポジウムが、文理さまざまな観点から、ハチと上野博士の交流をめぐる問題系を論じるという趣旨だったからである。私の哲学論（第1話）が展開された後、新島論文（第2話）が続く。新島論文は、日本における秋田犬の飼育の変遷について、社会学的見地から実証的に検証した論文である。ペット飼育について社会学的視点から研究する専門家として、ハチ公物語についての興味深い視線を提供してくれている。続いて第3話として、中山論文が登場する。中山教授は、ハチの死因について新しい情報を発信したことでも知られるが、本論文は、ハチおよびイヌの病気について、その変遷を動物学の観点から跡づけたものである。そして第4話として、遠藤論文が現れる。遠藤教授は、遺体科学というジャンルを牽引する、エネルギッシュな研究者であり、今回の論文において、イヌの生態について興味深い知見を展開するとともに、ハチ公物語のシニシズムに直結する提言も行っている。そうして最後に、塩沢論文（第5話）が置かれる。塩沢教授は、すでに触れたように、上野英三郎教授の属していた農業土木の研究室を現在に直接継承する農地環境工学研究室の教授として、本論文では、上野博士の業績、ハチとの絆について、客観的な事実をていねいに追いながら、本書の締めの役割を担ってくれている。それ以外に、林良博氏、長谷川寿一氏、桑原敏武氏、松井圭太氏、溝口元氏、といった、この話題に縁浅からぬ方々が、滋味あふれるコラム（エピソード）を提供してくれている。

さらに、最後には、本書の編者であり、たびたび言及した二〇一四年三月八日のシンポジウムの企画者でもあられる正木教授が、締めくくりのエピローグを担当されている。なお、本書全体を通じて、ハチについては、タイトルや像名などは別にして、「ハチ」という表記で統一する。「ハチ公」というのは、後からの呼称だからである。上野博士の弟子たちが、教授の飼い犬を呼び捨てにするのに気が引けたため、「ハチ公」と呼んだと伝えられている。また、犬についても、通常の使用法では「犬」とするが、文脈によって生物種としてのそれを意味したい場合に「イヌ」と表記することもある。

以上が、本書の骨格である。これを眺める限り、上野博士とハチの物語を機縁とした、多彩な視点からの論集、悪くいえば、記念事業のための総花的なただの寄せ集め、のように感じられるかもしれない。私自身も、シンポジウムを企画している段階では、あくまでも祝賀的な催し、というスタンスでいたのである。けれども、多様な視点とはいえ、ハチ公物語という同一の現象をめぐって論じていると、たいへん不可思議な感覚が生まれてくることに気づいてきた。ディシプリンもともと異なり、たがいに独立の、自己完結した議論のように思っていたものが、たぶんそれぞれの執筆者自身の意図・意識さえをも超えて、議論それ自体としてたがいに有機的な仕方で呼応し始めてきたのである。たとえば、中山論文（第3話）の病気論の描き出すイヌの長寿化とがんという問題は、犬のペット化の問題として新島論文（第2話）と通底していき、ひいては、一ノ瀬論文（第1話）のいう「退廃モデル」の議論へと連なっていく。また、遠藤論文(第4話)のシニカルな含意は、「東大ハチ公物語」全体のシンボリズムとしての「シニシズム」へとまちがいなく結びついていく。さらには、塩沢論文（第5話）の、上野博士とハチの交流を描く部分は、明治のペット飼育の雰囲気をさらりと示唆し、新島論文の主題と重なりながら、犬と暮らすことへの哲学的反省の土壌を提供してくれている。

つまり、執筆をした者の感覚として、なんらかの統一感がおのずと生まれいずることに気づいたのである。なにか、「創造」の息吹を感じるのである。そういえば、最近の学術の動向として、物理学、経済学、薬学、といった明確な主題のアイデンティティによる伝統的な学問区分とは別に、コンセプトを中心に据えた、多分野型のディシプリンが多様にうごめき始めていることにあらためて気がつく。東京大学でいえば、希望学、死生学、などがその代表であろう。私は、本書を編集していて、たとえば「ハチ公学」あるいは「犬観学」とでもいうべき、かなりしっかりした多分野型のディシプリンの生成可能性について、ある期待を抱き始めたのである。現代の人々のライフスタイルを考えると、「犬観学」は、けっして荒唐無稽なアイディアではないのではなかろうか。「東大ハチ公物語」は、こうした新しいディシプリンの「創造」可能性のシンボリックな集約となりそうな気配を（大げさな手前味噌か？）感じている。これが、「東大ハチ公物語」が胚胎する、四つめのシンボリズムである。

では、そうした期待を抱きつつ、いよいよ本論へと進んでいこう。

（いちのせ・まさき　哲学）

第1話

「ハチ」そして「犬との暮らし」をめぐる哲学断章

一ノ瀬正樹

犬の死

生まれて初めての感覚だった。映画『ハチ公物語』のラスト部分で、ハチが亡くなる場面を目にしたときである。あんなに無垢に、あんなにまっすぐに、懸命に命をつないできたのに、たったひとりで、渋谷駅近くでむくろになってしまった。それを目にしたときの私の感覚といったら、なんて表現したらよいのだろう。胸が張り裂けそうになり、居ても立ってもいられない。呼吸が苦しくなり、もだえ、あえいだ。私は、すでに親を亡くし、師を亡くした。しかし、ハチの死、すでに遠く八〇年前の出来事となった歴史的エピソード、しかも、人為的に演出を加えられた映画のなかでの光景、それのほうが圧倒的に強烈な衝撃なのである。人間の皆様には申しわけないが、ほんとうの話なのである。

その後、時が経ち、今度は私自身の愛犬を失うことになった。「牛若」と名付けた私の愛犬の柴犬は、ちょうど一〇歳の誕生日に異変が顕在化し、一〇歳と四カ月で息を引き取った。いまもまざまざと蘇る、あの最期の日々。一〇キログラムほどあった体重が、最期には五キログラム以下にやせ細ってしまった。もう骨と皮だけ、という状態である。しかし、よろよろしながらも、私の前でお座りをしようとしたり、外に連れて行くと、ふらふらしながら、なんと、散歩に行こうとしたりするのである。なんと健気なことかと、涙するしかない。犬というのは、なぜこのように、いつでも平静で、前向きにいられるのだろう。たぶん、瞬間瞬間を邪心なく、赤子のような気持ちで過ごしているのではなかろうか。私たち人間は、残念ながらそんなふうには時間を過ごせない。死を恐れたり、体面を繕ったり、他者に遠慮したり、そして我欲を捨てきれなかったり。「潔さ」、「高潔さ」が徳のひとつとして、人々の道徳観のなかに根づき、それがまれに部分的に出現すると、大きな感動と余韻をもたらすのは、逆にいえば、潔く振る舞うことが人間にとってきわめてまれであり、たいへんに困難なことの裏返しである。

しかし、犬は違う。いや、人間以外の多くの動物は、みな犬と同じように、人間の持ちがたい「高潔さ」を体現している。私の愛犬「牛若」もそうだったのだろう。元気なときは、柴犬らしく凛として、飼い主にもべたべたするようなことはなく、しっぽをくるりと巻いて、小さいながらもきびきびと散歩していた。親ばかと知りながらも、自分の愛犬にほれぼれとしていたものである。病を得た後も、そうした気高さを失うことなく、なにも不満のそぶりを見せず、たびたびの嘔吐や痛みにも平然と耐え抜き（少なくとも私にはそうとしか見えなかった）、死の当日の朝、体が冷たくなっていくなか、穏やかな表情をして、私の出かけた後、ほんとうにすぅーっと静かに息を引き取ったのであった。「死」というのは、ほんとうに、すぐそこにあるのだな、と私は感じた。いままで息をしていた愛犬が、その隣に存在する、「死」の世界に、わずかに立ち位置をずらしただけ。「死」はここにあって、私たちの世界と時間的にも空間的にも連続しているのだな、と。両親や師を失ったときには感じなかった、生死の連続したあり方。私は、そのとき沈黙するしかなかった。いや、もともと世界は沈黙していて、それにはっと気づいた、というべきかもしれない。

たゆたうような悠久の時間の流れのなかで、人間が小賢しくつくりだした喧噪など、あっという間のことでしかない。世界はもともと、人間のおしゃべりなどとは無縁の、自然音だけで成り立っていて、私は、「牛若」の死に面して、この世界の本来の姿を垣間見たのではないか。よく、人間と違って、犬には「死の観念」がない、といわれる。それはたしかだと私も確信する。なぜなら、「牛若」の死の直後、先住犬である、もうひとりの愛犬「しずか」を、「牛若」のむくろの前に連れて行き、最期の挨拶をさせてやろうとしたとき、なんと「しずか」は、「牛若」には無関心で、初めて連れてこられた部屋の匂い嗅ぎをし始めたからである。犬たちは、私たち人間のように「死」を、「死者」を、感傷的には見ていない。特別な観念的思い入れなどなしの、そこにある、ひとつの出来事としてしか、見ていない。「しずか」の様子を見て、私は最初とまどった。あんなに大切な時間を一緒に過ごしてきた同居犬に対して、こういう冷淡な振る舞いしか、犬というのはできないのか、と嘆息した。もっとも、個人的なことになるが、正確には、「しずか」にとって、「牛若」は厳密にはたんなる同居犬ではない。「しずか」は、自由恋愛（？）によって、四匹の子犬を産んだ。そのうちのひとりの雌犬が近所にもらわれていった。その後、私たちは「牛若」を受け入れた。そうしたら、「しずか」の娘をもらっていただいたご近所の方が、「牛若」と掛け合わせて子犬をもうけたい、といってきた。私たちは喜んで同意して、結果、三匹の子犬が生まれた。その子犬たちからして、「しずか」は祖母で、「牛若」は父である。つまり、「しずか」にとって、「牛若」は娘婿（？）なのである。しかしいずれにせよ、いや、にもかかわらず、「しずか」は「牛若」のむくろには関心を示さなかった。「畜生道」というような、考えてみればひどく差別的な、表現は、たぶんこんなところからきたのだろうとも、一瞬感じたのである。

けれども、ぜんぜん違うのである。違うことに、私はただちに気づいたのである。つまり、私たち人間のほうが、「死」を特別に観念的にとらえすぎているのである。そうではなくて、「死」は普通のことなのだ、ということを犬たちは、とうの昔から知っているのである。だから、特別な儀式的なことはしないのだ。それはつまり、世界がもともと静かに沈黙しているものであること、死ぬことはあたりまえのことであること、死はすぐそこにいつもあること、人間たちの感傷など徹頭徹尾無意味であること、それを最初からわきまえている、ということなのではなかろうか。「しずか」は、「牛若」が普通にそこにいる、と見ていたのではなかろうか。世界の沈黙性という見方は、なんとはなしに「エントロピー増大の法則」を連想させる。私たち人間は、非常に遠回りをして、世界が沈黙に向かうことを、このように小むずかしく理解した。でも犬たちは、もっとストレートに、このことを、いわば遺伝子レベルで、体得しているのである。そういう見方は、けっして買いかぶりすぎではないと感じる。私たち人間がほとんど忘れてしまった原始の感覚、それを犬たちはさらりと保ち続けている。そして、私たち人間もほんとうは持っているのだけれども、なかなか思い出せない、しかしときどき、犬たちに導かれ、思い出す、そのとき「高潔さ」と私たち人間が呼ぶところの観念が出現する。これが真相なのではないか。

ハチがもたらすもの

ハチに戻ろう。すでに知られているように、ハチは東京帝国大学教授で、日本における農業土木学のパイオニアである、上野英三郎博士の飼い犬であった。一九二三（大正一二）年一一月、現在の秋田県大館市で「秋田犬」として誕生し、翌一九二四（大正一三）年一月に、東京渋谷の上野博士宅に引き取られた。上野博士とハチとの心の結びつきは、だれもが知る、感動的なエピソードである。上野博士を玄関先で送り迎えし、ときには渋谷駅まで送り迎えをした。しかし、そうした宝石のような、きらきら輝く時間は、突然終わりを迎える。ハチを迎え入れてわずか一年四カ月余りの、一九二五（大正一四）年五月に、上野博士が突然の脳溢血によって、帰らぬ人となってしまったのである。上野博士、満五三歳での、あまりに早い逝去であった。しかし、ハチは上野博士の帰りを待ち続けた。上野博士の死後、ハチは幾人かの飼い主のもとに預けられたが、上野博士の帰りを迎えるため、どうしても渋谷駅に向かってしまう。最初はじゃま者扱いされていたが、一度新聞で「忠犬」として紹介された後は、多くの人に可愛いがられるようになった。しかし、いまからちょうど八〇年前、一九三五（昭和一〇）年三月八日、渋谷駅近くで亡くなっているのが発見されたのであった。ハチ、満一一歳の最期であった。死因はフィラリアとがんであった、ということが判明している。

ハチのこうした生涯は、新聞報道の影響もあり、多くの人々の心を打った。葬儀も、人間並みに盛大に執り行われた。のみならず、渋谷駅前のものを筆頭に、今回の東大農学部弥生キャンパスの「ハチ公と上野博士像」も含めて、多くの像も建てられた。また、映画も、冒頭に触れた『ハチ公物語』だけでなく、米国の映画俳優リチャード・ギア主演の『HACHI 約束の犬』も製作されるほど、ハチの生きざまは世界的規模で人々の琴線に触れることになった。私たち人類に、異種動物との交流に対する、美的感覚を、ひとつの文化を、もたらしてくれたのである。

むろん、いろいろな説がその後湧出した。たとえば、ハチは上野博士を迎えに行ったのではなく、たんに、駅前の焼き鳥屋台から焼き鳥をもらいたくて、渋谷駅に通っていたのではないか、といった見方である。実際、死後のハチの胃の中から焼き鳥の串が取り出されており、そうなのかもしれない、と思わせる説でもあった。しかし、いまはこうした説は反証されているといってよいだろう。焼き鳥をもらえるようになったのは、ハチが新聞で取り上げられて有名になった後のことだからである。よって、焼き鳥ほしさのゆえに駅に通った、という見方ではハチの行動は説明できない。それに、犬というものが、飼い主の亡き後も、飼い主（のよすがになるものや場所）に寄り添う行動をとることがあるということは、ハチの事例以外にも知られている。一九世紀スコットランド・エディンバラの警官ジョン・グレイの飼い犬グレイフライアーズ・ボビーの逸話もまた、ハチ公物語に劣らず、たいへんに有名である。およそ二年間という、ハチの場合と変わらぬ短期間の蜜月時代の後、飼い主のグレイが結核死し、その後一四年のほとんどの時間を、グレイの墓の傍らで過ごしたというのである。犬は、こういう行動をとるときがあるのである。ハチもまた、そういうタイプの犬だったと考えられる。

しかし、はたして、これはどういうことなのだろうか。前項で触れた私の犬観が相応の蓋然性を持つとするならば、ハチには(そしてボビーにも)、私たちと同様の「死の観念」はないはずである。したがって、亡くなってしまった上野博士を懐かしみ慕って、渋谷駅に通った、ということは考えがたい。ハチの観点からすれば、大好きな博士が帰ってくるのを、たんに、シンプルに、「待った」ということであって、それ以上でもそれ以下でもない。そこには、なんらのセンチメンタリズムも介入していないはずである。けれども、人間はそういうふうには事態を理解できない。たぶん、世界に対する感性的了解という点で犬よりもはるかに劣位にある人間は、言葉や概念という、弱者の空しい小細工を使ってしか、事態を受け取れない。犬たちの態度を見るとき、少なくとも私は、どうしてもこのような劣等感の視点からしか、表現できないと感じてしまうのである。しかし、いずれにせよ、人間本性は変えられない。私たちは私たちなりに、貧弱な(?)概念装置でものごとを解明していくしかない。

人間的な問い

以下、私たちがハチの生きざまになんらかの意味で深く感動する、ということを事実として前提して議論を進めたい。問題は、なにゆえハチが私たちの心を打つのか、という疑問にある。この疑問に対して、多少なりとも哲学のフレイバーを加味しつつ、解答に向けたスケッチを描いてみたい。むろん、こうした疑問が犬にとってばかげたものであることは百も承知である。ただ、私たち人間はこんなふうに問う以外にものごとを理解する術を持たないのである。この点で、じつは、「問うこと」を旨とする哲学という営みは、どれほど普遍的に多様な学問の根底にかかわるとしても、基本的に劣った営為でしかない、という理解が浮かび上がってくる。実際、犬とはかかわりなくとも、たとえば「隠遁の思想」や、「無為自然」のように、「なぜ」とか「なにゆえ」とかの問いを重視しない姿勢も、人間の態度の範囲内でさえありうるのである。私は、哲学を専攻する者として、哲学は万学の祖である、などと本気で信じている方々がいるのに面するとき、赤面し、いたたまれなくなる。きわめて矛盾した、倒錯したいい方だが、哲学を「学」であると見なしている限り、人間は世界の真相に到達できない。まずは、哲学は、あくまで人間の、しかもその一部の人々の、思考の癖にすぎないのであって、それを癖にすぎない、と客観視できることが、世界理解の出発点となるのである。

疑問に向かってみよう。なにゆえハチが私たちの心の琴線に触れるのか。その忠誠心なのか？ その無垢さなのか？ それとも、死者を想い続ける（私たちにはそのようにとらえられる事態の）切なさなのか？ あるいは、ハチと上野博士との深い絆に私たちは心を打たれるのか？ ハチの生涯に感動するという事実の明白さが際立つがゆえに、「なにゆえ」という問いも簡単に答えられるようにいっけん思われるが、いざ答えようとしてみると、なかなか言葉にできないことに気づく。

おそらく、自明なように見えて、しかし答えにくい、というのは、ここには犬と人間の関係の根底の、その深みにある本質的ななにかが顕在化しているからではなかろうか。本質的なことなので、当然のように直観されるのだけれども、普段はあまりにも深層に潜在している事柄なので、言語化しようとするとき、上ずってしまう。そういうことなのではなかろうか。いずれにせよ、私はここの部分を追求してみたい。その際、あらかじめ注記したい点がある。

それは、犬たち自身に考えを聞くわけにはいかない、という点である。あたりまえだ、とせせら笑われるかもしれない。しかし、これは重要な確認点である。しばしば、犬の気持ちや、犬の飼育法について、さまざまなことが、あたかも確証された真理であるかのように出回ることがある。たとえば、「犬はリーダーが決まっていたほうが落ち着く」とか、「しっぽをぶりぶり振るのはうれしい証拠である」とか、「耳を前に寝かしているのは警戒している証拠である」とか、などである。私自身も、経験上そうだろうと認識しているが、こうした物言いに絶対の根拠があるとはとうていいえない。こうした命題は、動物生態学などの経験科学的探求によって、あくまで「蓋然的」に推定されるものなのであって、本来、絶対こうであると断定できるような性質のものではない。ハチについての感動の根底に接近しようとする際、この基本点を確認しておかないと、議論全体がとんでもない迷路にはまり込む。ただの独断や捏造のたぐいになってしまう。そして、少し考えれば理解されると思うが、こうした論点は、なにも犬にだけあてはまるわけではない。人間同士だって、他者の心について絶対の根拠を持って断定などできないし、生物現象以外の物理現象についても断定できないのは同様である。こうした視点から、いわゆる「認識論」と呼ばれる議論領域が立ち上がってくる。そこでは、「懐疑」、「正当化」、「信頼性」などが主題として論じられる。いずれにせよ、犬についての理解には、とりわけ、そのわからなさは顕著である。この自明な点は、素通りされてはならない。

　そして、じつは、以上の点は、基本的な確認点であると同時に、議論を導く橋頭堡ともなるのである。すなわち、以上の確認に照らして、犬についての命題、そして犬と人間の関係についての命題には、本質的にある種の「物語性」がつきまとうということ、いい方を換えれば、犬にかかわる命題や主張は、なんらかの「モデル」、あるいは「仮説」として記述するしかないということ、このことが導かれるのである。私はいま、「しかない」というように、負的な響きを持ついい方をしたが、このことはけっしてネガティヴな論立てになってしまうのではない。じつをいうと、犬と人間の関係にかかわらず、私たちが現実を理解するときには、多くの物語性が、多かれ少なかれ必ずや介在しているのである。

　もっとも顕著な例は、過去についての理解である。過去についての理解は、必ずピックアップの作業を媒介する。過去をそっくりそのまま再現することが過去を理解することだとしたならば、それは最初から不可能なことになってしまう。第一、そっくりそのまま再現する、ということの内実が意味不明である。西暦一七〇七年一二月一六日午前一〇時からの数時間の江戸の歴史（富士山の宝永大噴火が起きたとき）をそっくりそのまま再現する、とはどういうことか、想像してみればわかる。そのときの、名も知らぬ一般庶民の家の中の、台所の、朝食後の食器がどのようになっていたか、どのような色合いになっていたか、それを再現することなど、できはしないし、そうすることに意味を見いだすことはできまい。過去の歴史は、一定の概念を軸にして、特定の側面だけをピックアップして物語ることによって理解されるのである。そして、程度の差はあれ、物理現象の理解も同様である。「燃焼」は、かつては「燃素」(フロジストン)という物質を仮説的に仮定することで理解されていた。しかし、いまは酸化還元によって理解されている。けれども、一〇〇〇年後には、もしかしたら、別のモデルによって理解されているかもしれない。湯川博士の「中間子」、近年質量があることに訂正された「ニュー・トリノ」など、すべて一種のモデルであり、現実の観測事実と整合的な物語をつくるための概念装置である。だとしたら、犬と人の関係に「物語性」を導入することは、けっして、ものごとの真なる理解から後退することではない。あくまでも人間の営為としてだが、堂々と遂行できる、議論主題になりうるのである。

以上をふまえて、私は、犬と人の関係について、あくまでも人間的な問いとして、つぎの二つの問いを掲げて、解きほぐしてみたい。

（1）「犬と人間がともに暮らしている」という事態をどのように物語るか。
（2）なぜ人々は「ハチ公物語」に感動するのか。

以下、しばしば論じられる物語り方、あるいはモデルを、二つにまとめて検討し、その後、私自身の物語り方を提案してみたい。

退廃モデル

第一のモデルは、「ディープ・エコロジスト」として著名な、ポール・シェパードに代表される物語り方である。それは、犬などのペットと、人間との関係に関する、「退廃モデル」(the Decadence Model) と呼ぶべき物語り方である。簡単にいえば、愛玩動物として犬などのペットと暮らすことが、とりわけ人間に対してマイナスの価値をもたらしている、とする物語り方である。

シェパードによれば、人類が動物を飼い慣らし、ペット化し、そしてしまいには動物園をつくったことによって、人と動物の関係が劇的変化を蒙った、とされる。人間とは異なる「他なるもの」(Others) としての、野生の自然や野生動物、そしてその多様性が、私たち人類が本来生存し続けてきた環境だったが、人類はそれを監禁し、操作し、人間に都合のよいようにつくりかえた。その結果、ペット動物は「文明の手回り品」(civilized paraphernia) のように扱われ、野生世界の驚異から隔絶され、人間のなかに動物の本来の姿への目線が育たず、逆に、動物全体をペットのような観点からしか見られなくなる。これは、かえって、私たち人間の本来の育成環境を阻害し、人類の自己理解を妨げる。こうした、シェパードの展開するような「退廃モデル」においては、ペットは欠陥動物であり、私たち人間のニーズに合致させた有機体機械にすぎない、と理解される。すなわち、自分たちの領域から外れた、まったく別の「他なるもの」、すなわち野生や野生動物、の存在こそが、人間のなんたるかを知らせる手かがりとなる、という世界観である。

「退廃モデル」は、一見したところ過激すぎる物語り方のように思われ、犬と暮らしている方々にとって、もしかしたら不快に響くかもしれない。しかし、冷静に考えて、これを暴論として即座に斥けることはできない。二つの点を指摘しよう。第一に、動物のペット化、たんなる愛情の対象化、によって、逆に、愛情の対象から外れたペットは処分される、という事実から目を背けてはいけない。わが国の、保健所での犬猫殺処分の数を確認してみるならば、近ごろは徐々に減少してきているとはいえ、平成二四(二〇一二)年度で、全国で一六万匹以上に上る（環境省自然環境局総務課動物愛護管理室によるデータ。URL: http://www.env.go.jp/ nature/dobutsu/aigo/2_data/statistics/dog-cat.html）。多くはガス殺であり、その後、息が絶えていない場合でも、焼却処分されていく。動物を愛玩化する、といういっけん微笑ましい行動から、ペット数が増え、こうした事態が逆に惹起されてしまうのである。一種のパラドックスであるというべきであり、そのことを的確に指示している点において、「退廃モデル」には傾聴すべき点がある。第二に、ペットに対する過度の擬人化によって、人間の幼児化が促進されるという面があることを、冷厳に指摘しなければならない。人間関係の代替品となり、そのことで、実際の人間関係を円滑に行う能力の発達が阻害されていく傾向があるといえるからである。実際、着せ替え人形のようにペットを扱うような行為は、行き過ぎた退廃なのではないか、現代のひとつの病理なのではないか、というのは多くの人々が思うところであろう。

この「退廃モデル」に従えば、理論的に突き詰めれば、ペット飼育は道徳的に好ましからざる行為なので、人類全体として、それを止めていくべきだ、ということになるだろう。だとすれば、上野博士とハチの物語に対する私たちの感情は、悲劇を見る憐憫の情だということになるだろうか。ハチが、いわば代表して、好ましからざる事態の本質を顕現せしめている、と。私たちは、そのようにして道徳的不正を感じ取るべきなのだ、と。つまり、人間による犬のペット化が、このような憐れな現象を引き起こした元凶なのだ、という物語り方である。

一理も二理もある。私たち人間は、あまりに不自然な仕方で犬と接しすぎているのかもしれない。現今の、動物に対する、私たち人間のアンバランスで、歪んだ態度を省みるとき、「退廃モデル」には傾聴に値するものがあるといわなければならない。先ほど言及した、保健所で殺処分される多くの動物たち、ブリーディングによる虚弱化（犬はもはや人間なしには生きていけない）、こうした事態を振り返るとき、そこにいかなる道徳的問題もない、とはとうていいえないだろう。私としては、ペット飼育とはややずれるが、こうした問題性の延長線上に、動物実験、肉食の習慣（牛豚鳥、鯨など）という、人間が動物に対して行っている行為をも並べて、論じたい。私たち人間は、とてもとても道徳的に正当化できないことを、動物に対して行っているのかもしれない。少なくとも、そうかもしれないという目線を持つことは、動物からの、犬からの、精神的恩恵をつねに受けている私たち人間にとって責務なのではなかろうか。

とはいえしかし、私たち人間が、全体として、ペット飼育をただちに止めることは、はたしてできるだろうか。リアリティがある提案になりうるか。それに、ペット飼育にともなう、人間と動物双方にとってのよい点もあるのではなかろうか。私が思うに、「退廃モデル」の問題は、ディープ・エコロジーという理想を賞賛するあまり、現実を見る眼差しを欠いてしまっている点にあるのではないか。すなわち私は、原理的検討と現実的対応とは、さしあたり区別して考えないと、原理主義的・教条主義的主張を無理に強制することになり、かえって害を増大させてしまうのではないかと、そう感じるのである。たとえば、人間のクローンをつくることに対して、個人の尊厳などの観点からの反対論がありうるだろう。それはありうることだし、じっくり検討すべき課題である。けれども、もし人間のクローンが現実に作製されてしまい（私はそういうことが遠くない将来生じうると予測している）、目の前にオギャーオギャーと泣く乳児として存在したならどうか。原理的にクローンに反対だからといって、その乳児を嫌悪・遺棄してよいか？

こうした見方は、有害になりうるひとつの要素だけに注目して、それを避けることのみを目的とする、いわゆる「予防原則」（の誤用なのだが）の適用に関しても、より普遍的な視点に立ってあてはめることができる。たとえば、自動車、放射性物質、ＤＤＴ、などは人間にとって有害な事態を引き起こす可能性がある。では、それらを徹底的に避けること（ノーモータライゼーション、脱被曝行動、農薬全面禁止）が最善の策になるか。必ずしもそうは断定できない。それらを徹底的にかつ急激に廃することで発生してしまう別の有害性があるからである。便益の喪失、経済的停滞、雇用の喪失、精神的不安定、地球温暖化、安全保障への懸念、感染症の蔓延、食物の安全性の喪失、などが可能性としてある。要は、バランスである。リスク・トレードオフの考え方を取り入れることは不可避なのである。長期的な理想や目標を掲げつつ、目下の困難をひとつずつクリアしていく。それが、アリストテレス以来の人類の叡智である「中庸」の徳ではなかろうか（このような点について、私は、さしあたり放射能問題に即して、『放射能問題に立ち向かう哲学』において論じたので、参照してほしい）。

このように考えてくると、原理に反対だとしても、現実に発生してしまっていることを事実として受け入れて、その現実のなかでの最善を模索する、という道が理性的なのではないかと思われる。そういう意味で、「退廃モデル」はやや原理主義的すぎるといわざるをえない。かりに、一〇〇年後、二〇〇年後の将来的展望として、ペット飼育や動物園をすべて止めるという道徳的目標を立てることに社会的合意が得られたとしても、まずは、すでにペット文化が根づいてしまっているという現実のなかでの最善が目指されるべきだと、私は思うのである。

補償モデル

こうした観点から、第二のモデルが提出されうる。それは、「補償モデル」(the Compensation Model) と呼ぶべき物語り方である。すなわち、ペットを飼い慣らすことに、「退廃モデル」が示すような倫理的問題性が潜在していることを考慮しつつも、現実に、世界中で、ペット飼育が人間のひとつの行為パターンとして定着しているという事実をそれとして認識して、その条件のなかで最善を目指す、場合によっては現状のやり方でのペット飼育という習慣を止めるほうへと少しずつ目指していく、というように記述されるような性格のもとで、私たち人間と犬との関係をとらえよう、という物語り方・モデルである。つまり、人間が都合のよいように改造し、人間が閉じ込めて飼っている以上、その「補償・代償」として、彼らの福祉を十分に考慮してあげることが求められる、という物語り方である。

具体的には、たとえばドゥグラツィアによれば、

（1）彼らの基礎的（身体的および心理的）ニーズを満たしてあげる。
（2）少なくとも野生で暮らすのと同じくらい良好な生活条件を与えてあげる。

という二つの補償要件がしばしばあげられる。こうした文脈で言挙げされる「動物の権利」(animal rights) という概念には多様な問題性があるが、

・動物虐待に倫理的問題性がない、とはきわめていいにくい。
・動物実験についての3R（「削減 reduction」、「洗練 refinement」、「置き換え replacement」）が広く認められている。
・動物虐待はその人の犯罪傾向を示唆する。

といった事実は見逃しがたい。とりわけ、動物への対応が、ひるがえって、人間社会での行為傾向につながることは、「補償モデル」を側面から強く動機づける。たとえばドイツの哲学者カントは、『コリンズ道徳哲学』のなかで、動物への残酷性は、人間の他人に対する無感覚を含意する、と喝破している。

世界の現状からして、「動物の権利」に集約される、このような「補償モデル」は、動物倫理の文脈での標準的見解といえる。もっとも、肉食の問題にそれを適用することは、とりわけ日本では、なかなか過激な立場を導くように聞こえるかもしれない。むしろ日本では、好き嫌いなしになんでも食べることがよしとされる風潮がいまもあるからである。けれども、イスラム圏の観光客の方々が増加しているいま、「食べる」という行為が、宗教や倫理にかかわるのだ、そういう見方が世界ではむしろ普通なのだ、という事実が少しずつ認識されてきているように思う。大学の学生食堂でも、菜食用メニューがちらほら出始めている昨今である。

さて、では、この「補償モデル」に立脚した場合、「ハチ公物語」に対して私たちが感動することの内実はどう物語られるのか。「補償モデル」に従った場合、ハチの上野博士への行動は、私たちに補償する義務感を強く感じさせる、象徴的シーンとなるのではなかろうか。ハチは、そして犬というものは、あそこまで忠実なのか！　人間は、ここまで犬を飼い慣らしてしまったのか！　ならば、私たち人間は、犬をこのようにしてしまった以上、彼らを十全に保護していかねばならない。十分に報いてやらなければならない。「補償モデル」を受け入れるならば、私たちが受ける感動の内実は、このように物語られることになると思われる。

私は、以上検討した「退廃モデル」にも、そして標準的な「補償モデル」にも、それぞれ一定の説得力を感じる。すでに触れたが、小型のペット犬の着せ替え人形のような様子を見て、やはり違和感を感じる。その意味で、「退廃モデル」の物語り方にも説得力を感じる。また同時に、それに癒される人々も現に存在する以上、そうした環境のもとでペット犬の福祉を考えるべきだとも思う。おそらくだれしも、現在の感覚では、真夏や真冬に庭の片隅に鎖でつながれっぱなしの犬に対して、もっとなんとかしてやれないものか、と感じるのではなかろうか。頭に電極をつながれて、電気刺激を与えられている、実験用の猿を実際に見たら、そこまで人間がやってよいものなのか、と感じるのではないか。あるいは、食用にするために殺される豚を目の前で見たら、「食べる」というのはこういうことなのだと、戦慄を覚えるのではないか。こういう自然な感覚をすくい取っている限り、「補償モデル」の物語り方には大いなる説得性があるというべきである。

哲学者の顔

しかしながら私は、以上の二つのモデルに対して、相応の理を承認しつつも、根本的な拒絶感を感じることを告白しなければならない。どちらのモデルも、なにか大きな偏見があるのではないか、と。すなわち私は、「退廃モデル」と「補償モデル」の双方の根底に前提として潜在する見方、つまり、人間が優位に立って、犬を飼い慣らしてきた、とする、ある種の「上から目線」、そこがどうしても引っかかるのである。なぜ人々は、犬と人間の関係を理解するとき、人間を上位に位置することを無意識的に前提してしまうのだろうか。たぶん、人間のほうが寿命も長く、知的水準も高く、文明的にも優れている、といったとらえ方を暗黙的にしてしまうのだろう。けれども、そうしたことは道徳性とは関係がない。徳の高さとは関係がない。道徳性という点では、人間と犬とでは、位置が逆転しているとも考えられるからである。

こういう発想に則って、私は、通常とは反対に、犬の視点に立って、犬が意図的に、現在の「人と犬の関係」を紡ぎ出してきたのではないか、と考えてみることに意義があると考える。極論をいえば、じつは真実には、犬のほうが優位に立っている、というのが実態であると物語ることはできないか、と思うのである。このことは、宮沢賢治の作品、『注文の多い料理店』を想起していただくと、わかりやすい。そこでは、「山猫軒」という西洋料理店に入っていった二人の人間が、食事を食べるための注文だと思いつつ指示に従っていると、最後に、そうした注文は、じつは自分たちが食べられるためのさまざまな指示だったことに気づいておののく、という話が展開されている。さらにオチとして、彼らが見捨てた犬たちが彼らを救うために再び現れる、となっている。これと同様なことが、犬と人間の関係一般にもいえるのではないか。私たちは、犬を都合のいいように改造し、支配していると思っているけれども、じつはまったく逆で、人間の歴史は犬によってコントロールされてきた歴史だった、ということが後で判明する、という筋書きの物語である。

実際、犬と人間とで、犬のほうが優れているのではないか、と思える点は多々ある。とりわけ、道徳的には圧倒的にそうではなかろうか。犬は人間のように環境破壊をしない、戦争をしない、過去に固執しない、現状を潔く受容する、静かに潔く死んでいく。すでに示唆したように、犬はまちがいなく人間より道徳的に高潔である。人間の哲学者たちも、実際そう思ってきた。「プロローグ」でも触れたが、古代ヘレニズム期の「犬儒派」(キュニコス派)が、その右代表である。アンティステネスや、シノペのディオゲネスなどがそれに属する代表的哲学者である。「キュニコス」はシニシズムの語源でもあり、人間は優れているという大前提を端的に斥け、実践的な哲学的態度を重視した。いわば、常識的な人間優位説をあえて覆す考え方を展開したので、「シニシズム」は「皮肉」という言葉へと転用されていったのである。彼らの考えでは、「犬のような生活」が道徳的理想と考えられていた。しかし、落ち着いて考えれば、いろいろな意味で、こうした考え方は今日まで私たちに影響をおよぼしている。私たちはしばしば、病気や自然現象に面して、自然にゆだねる、という諦観的な思想を抱くことがあるが、それは、犬儒派の名残である。私自身、「哲学者の顔」という小文を書いたことがある（ネットで公開しているので、参照してほしい）。そこで、ほんとうに高潔で、無垢で、純粋で、徳の高い「哲学者の顔」は、ソクラテスでもなく、まさに犬の顔だ、と論じた。犬儒派の哲学を念頭に置いて、である。

なるほどたしかに、犬は個体としては、人間よりも寿命が短く、脆弱かもしれない。しかし、種としては、たいへんにたくましい。人間を、いわば活用して、強力に存続を成功させてきた。そう物語ることに不整合はない。にもかかわらず、人間が、犬よりも自分たちのほうが優れている、自分たちのほうが犬をコントロールしている、と思ってしまうのは、人間の思考が、ものごとの「主体」をどうしても「個体」レベルでとらえてしまう傾向があるからではないか。これに対して私は、暫定的に、「種体」という主体概念を提案したい。犬は、人間とは違って、「種体」として行動しているのではなかろうか。これは、「種」をひとつの「個体」と同様なものと見なせる、ということではまったくない。そもそも「個体」概念をはみ出た主体概念なのである。

こうした「種体」としての犬という行動主体を認めるならば、つぎのように物語ることが可能だし、むしろ、あえてそう物語ることが、眺望を開く、という意味で有意義であると私は感じる。すなわち、犬は、「種体」としては、人間よりもはるかにたくましく、その高等な能力のもとで、自分たちの生存のために、人間を「選択」したのだ、と。私たちは、そのおかげで、いろいろな恩恵を受けている。アニマルセラピー、介助犬、癒し、など枚挙にいとまがない。これらは、ひょっとして、私たちにとってまことに幸運な「恵み」なのではないか。

返礼モデル

こうして、犬と人間の関係を物語る、私自身のモデルを提案する段階にようやくたどり着いた。もし、犬たちが私たち人間を選択し、思いがけぬ幸運を与えてくれているのだとしたら、私たちは、当然のマナーとして、犬たちが私たちを選び、与えてくれた恩恵に対して、返礼しなければならない。これが、私自身が提案したい第三のモデル、すなわち、「返礼モデル」(the In-Reply Model) である。「返礼モデル」の、ほかの二つのモデルと異なる特徴は、犬が「種体」という主体として、意図的に人間を共生者として選んだ、と物語る点、つまりは、犬目線を取る、という点にある。

こうした犬観は、けっして奇異ではない。カナダで活躍したアメリカ人の心理学者スタンリー・コレンの『哲学者になった犬』という本から、アメリカ・インディアンに伝わる話を引こう。

その昔、神である大いなる魂が、世界とそこに住むものたちを創り終えた。そして大いなる魂は、人間界と動物界を分けるときがきたと考えた。一同が集まったところで、彼は地面に一本の線を引いた。その線のこちら側には人間が、むこう側にはその他の動物たちが置かれた。みんなの見ている前で、線を境に地面が大きく割れていった。その溝が広がるにつれて、底なしの谷ができあがった。割れ目は大きく大きくなった。そのとき、割れ目が橋もかけられないほど広がる寸前に、犬が溝を飛び越えて人間のいるほうに渡った。

このような犬理解は、つまり、犬が自主的に人間を選んだとする物語り方は、古来存在してきたのである。そして、この「返礼モデル」に従えば、上野博士とハチの物語は、私たちが犬という「種体」に対して、どれほど恩恵を蒙っているか、どれほど返礼を返すべき立場にいるかを、心底から思い知らさせてくれる現象だ、ということになる。この場合、犬は「高潔」なものとして物語られ、それを受け止め、感動する私たち人間は、「謙虚」で「透明」な状態にあると物語られるはずである。自我という「個体」概念では応答や返礼がもはやできないというリアリティが胸に突き刺さり、犬という「種体」に対して、我を超越した、人という「種」として返礼しようと暗黙的に動機づけられ、その結果として、エゴは、たとえそのときだけだとしても、消え去り、清純な状態に誘われるのだと、私はそのように物語りたい。

むろん、「返礼モデル」を採用したからといって、犬と人間の関係にかかわる倫理的問題がすべて解決されてしまうわけではないし、「返礼モデル」もひとつの物語り方でしかない。しかし私は、前段で述べたように、哲学研究者の直観として、「返礼モデル」は、私たち人間の道徳的浄化をもたらしうるのではないか、と感じている。ハチは、ひとつの個体ではあるが、いわば、犬という種体の象徴であり、私たち人間を「選んだ」という、彼ら犬種体の選択を、彼らの道徳的高潔さとともにまざまざと体現しているのである。私たちは、この底なしの「愛情」と「恩恵」に対して、「返礼」を重ねていくべきではなかろうか。そのことで、少しでも犬レベルの高潔さに近づいていけるのではないだろうか。

私はいま（二〇一五年一月現在）、齢一六に達した愛犬「しずか」とともに暮らしている。彼女もさすがに老いてはきた。しかし、彼女もまた、ハチと同じく、犬という「種体」のれっきとした表象である。犬という「種体」が私たち人間にもたらす「愛情」を分有している。それにどこまで返礼できるか。完全に返礼できると思うことは、傲慢にほかならないだろう。しかし、なにもしないわけにはいかない。私が「人間」という「種」の表象になれるかどうかが、そこにかかっている。このように、犬と暮らすということは、ひるがえって、そのまま自分自身の存立に向き合うことなのだ。けれど、けっして深刻なことではない。自然な流れにゆったりとすべてをゆだねること、それも返礼の一過程だと信じ、時の過ぎゆく響きに、そして世界の沈黙するその静寂さに、そっと耳を傾けよう。

（いちのせ・まさき　哲学）

エピソード―1

「忠犬ハチ公」は「忠犬」だったのか

松井圭太

ハチについては、「亡き主人を待ち続けた犬」として、その物語は老若男女を問わず、幅広い人々に知られ、日本にとどまらず海外にまで知られている。しかし、ハチが話題にのぼるとつねに語られるのが、「ハチは忠犬ではなく、ただ焼き鳥ほしさに渋谷駅に通っていた」との話である。ハチはほんとうに忠犬だったのだろうか。なぜハチは駅に通い続けたのだろうか。ここでは、残された記録や証言を参考にそれを考えてみたい。

ハチの物語が多くの人に知られているのに反し、意外にもハチの生涯を正確に知る人は少ない。そのため、まず簡単にハチの生涯について振り返ることにしたい。

東京帝国大学の上野英三郎教授が秋田犬の子犬を飼いたいと、大正一三（一九二四）年一月、生後二カ月ほどの幼犬を秋田から送ってもらった。これがハチである。ハチは生来胃腸が弱く、半年間は病気を繰り返し、博士自らが看病をし、毎日自分のベッドにハチを寝かせ愛情を注いだ。その甲斐あってハチは元気になり、博士の送り迎えをするようになる。しかし、大正一四（一九二五）年五月二一日、博士は大学で突然倒れ、帰らぬ人となる。

上野博士は現在の三重県津市の旧家の跡継ぎであり、親の決めた結婚相手がいた。しかし、坂野八重子（夫人）との生活を選んだため、実家から結婚を許してもらえず、婚姻届

Episode 1

を出せずにいた。そのため、上野夫人は博士が亡くなると上野邸を出ていかなくてはならなかった。夫人は養女を連れ、とりあえず渋谷区神泉の知人の家に仮住まいすることになる。当然ハチを飼うことはできず、夫人はハチを親戚に預けることにするが、ハチは預けられた先でつらい思いをし、結局その家も追い出されてしまう。

そのころ博士の弟子たちは、上野夫人が仮住まいをしていることに心を痛め、世田谷に一軒家を建て、夫人に贈る。夫人がその家で暮らし始めるとハチもここに呼ばれ、ともに暮らすことになる。しかし、近隣の農家からハチが畑を荒らすと苦情が寄せられ、ハチは農夫から木の棒でたたかれ、血を流し戻ってきたこともあったという。そんななか、ハチの姿がたびたび見えなくなり、夫人が不思議に思っていると渋谷の知人から「ハチを渋谷で見かけた」との知らせがくる。そこで夫人はハチが亡き夫をしのんで、渋谷に通っていることを知る。わが子のようにハチを可愛がっていた夫人だったが、それゆえにハチの幸せを考え、渋谷に住む植木職人で、ハチがなついていた小林菊三郎に断腸の思いで預けることにした。

ハチは、昭和二(一九二七)年秋に小林家で暮らし出すが、まもなく毎日の駅通いを始めたという。しかし、体の大きい秋田犬のハチが改札付近にいると、客からじゃまだと蹴られたり、駅員から水をかけられたり、顔に墨で落書きをされるなどのひどい扱いを受ける。

その姿を見かねた人の投稿などにより、昭和七（一九三二）年、ハチの話が朝日新聞に紹介される。するとハチの悲しい境遇はまたたくまに広く知られ、ハチは多くの人から可愛がられるようになった。子どもたちは、ハチの頭をなでる順番待ちの列をつくり、渋谷駅には、ハチになにか食べ物を買ってほしいといった手紙やお金が届き、当時の駅長は本来の仕事よりもハチに関する業務に追われたという。

ハチは小林家に預けられてから、約七年半渋谷駅に通うが、昭和一〇（一九三五）年三月八日に亡くなる。その日の夕方には、ハチの死を悼み、渋谷駅に三〇〇〇人もの人が集まったという。

世に知られるハチの物語では、上野博士の生前に毎日渋谷駅までハチが送り迎えをしていたため、亡くなった後もその習慣通り渋谷駅に毎日通ったとされている。しかし、博士が勤務していたのは目黒区駒場にあった東京帝国大学農科大学（現・東京大学農学部）で、博士は渋谷区松濤の自宅から徒歩で通勤し、ハチも博士の送り迎えをしていた。ただ、博士が毎週北区赤羽の西ヶ原農事試験場に出向く際や各地に出張する際には、渋谷駅を利用しており、ハチも駅まで同行していた。

このようにハチが博士の生前から毎日渋谷駅まで送り迎えをしていたという通説は誤りのようだ。ではなぜ、ハチは博士の死後毎日渋谷駅に通うようになったのだろうか。

ハチが焼き鳥ほしさに渋谷駅に通っていたとする「焼き鳥説」についてだが、当時ハチ

Episode 1

が焼き鳥をもらっていたとの証言は多く残されており、ハチが焼き鳥を好きであったことはまちがいないようだ。ハチが亡くなった際に行われた解剖でも、胃の中から焼き鳥の串が見つかっている。「焼き鳥説」支持者は、これを根拠に焼き鳥のために渋谷駅に通っていたとし、ひどい場合には、胃の中にあった焼き鳥の串がハチの死因だとする人までいるが、これは誤りである。

「焼き鳥説」を否定する根拠もある。ハチの駅通いは朝・夕一日二回行われていた。焼き鳥屋は屋台で昼間は営業しておらず、夕方にならなければ店を開かない。もし、焼き鳥目当てで駅に通っていたとするならば、午前中に渋谷駅に行く説明がつかない。また、ハチは有名になる前は、駅前をうろつく野良犬の一匹にしか見えず、商売のじゃまになる野良犬に焼き鳥を与えることはなかっただろう。

ハチが渋谷駅に通った答えとなるかもしれない話を遺族への聞き取りにより得ることができた。それは博士が遠方に出張した際に、家人にも帰宅の日時を伝えずに戻ったところ、ハチが改札で待っていたという。驚き喜んだ博士は、ハチを抱きしめ、じゃれつくハチとしばらく遊んでやってから、ご褒美に駅前の屋台で焼き鳥を食べさせたという。これが一度だけのことなのか、何度も同じようなことがあったのかはわからない。しかし、頭のよい犬だったといわれるハチは、何日も博士が戻らない日、あるいは駒場の東大に見送った以外の日は、必ず博士が渋谷駅に戻ってくると理解していたのかもしれない。

渋谷駅にハチが朝・夕二回出向く理由についてはわからないが、関係者の話によれば上野博士は遠方に出張した際、夜行列車などを使い午前中に戻ることが多く、西ヶ原農事試験場に出向いた際は、夕方同僚などを連れ渋谷駅前の屋台でお酒を飲むことが多かったという。これが事実だとすると、ハチはそうした上野博士の生活習慣を覚えており、その時間に合わせて駅に通ったことも考えられる。

「焼き鳥説」が強くいわれるようになったのは、昭和六〇（一九八五）年前後のようだ。週刊誌などで関係者を名乗る人の話として「忠犬ハチ公の話はつくりもので事実ではない」といった記事が何回か掲載された。これらの内容は明らかに事実とは異なり、想像やうわさで語られているような部分が多く含まれている。こうした記事はすでに資料などにより、確認されている客観的な事実と異なる点が多くあり、そこで語られている「焼き鳥説」も信憑性が低い。しかし、こうした記事が注目を集め、「焼き鳥説」がまるで事実かのように多くの人に広まっていったようだ。

事実と異なった報道をされるようになった要因には、元気だったころと晩年のハチの姿が大きく異っていることも考えられる。それはハチの記録や証言のほとんどが、晩年のものであるためである。晩年のハチは老い、駅に泊まったり、駅前で寝ころんだりしていることが多く、病気の時期もあった。このころのハチしか知らない証言者には、ハチはただの野良犬のようにしか見えなかったとしても不思議ではない。しかしハチが元気だったこ

Episode 1

ろを知るという人の話では、「ハチはいつ見ても改札からわずかに離れた場所に座り、視線を改札のなかに向け、じっとだれかを待つように座っていた」という。「その姿を見たことのある人ならば、ハチが焼き鳥のために渋谷駅に通っていたなどという人はいないだろう」ともいう。どんな天候の日にも改札の前に黙って座り主人の帰りを待つ、その姿に多くの人が心を打たれたのである。

上野博士の教え子の牧隆泰は著書『上野英三郎博士の足跡』で、「奥さんは先生の身近につき添って世話をされていたけれども、子どもが無いのでハチ公を可愛がられることわが子のようであった。われわれが一ばん困ったことはハチ公を座敷に入れられていたので先生の茶の間で話し会う時、ハチ公がしばしば邪魔をなし、（省略）」と書いている。岸一敏が著した『忠犬ハチ公物語』でも、上野邸での花見の際に、博士が小さいころのハチを膝の上に乗せ、過ごす姿が描かれている。当時犬を家の中に入れることはめずらしく、上野博士がハチをいかに可愛がっていたかがうかがえる。戦前の記録や関係者の話からも、ハチにとって、上野博士は父であり、夫人は母であり、他に比べようもない唯一の人だったように感じる。もちろん、ハチが焼き鳥を好きであったのは事実だろう。しかし、ハチにとっては、その焼き鳥も上野博士との楽しい思い出のひとつであったのではないだろうか。

ハチは、戦前には「主人の恩に報いるため、忠義を尽くし待ち続けた忠犬」として語られた。しかし実際には、ただ純粋に大好きな上野博士に会いたいとの思いから、雨の日も風の日も毎日渋谷駅に通ったのであろう。そして、そんな純粋なハチの思いが、ハチが亡くなって八〇年以上経った今日でも、多くの人の心をとらえ続けているのではないだろうか。

（まつい・けいた　学芸員）

第2話

誇り高き秋田犬と飼い主の関係性

新島典子

第2話では、各種文献調査と特例社団法人秋田犬協会元専務理事である櫻田豊氏への聞き取り調査による資料をもとに、飼い犬としての秋田犬の「理想像」の変遷と飼い主の物語を探っていく。

秋田犬の特徴

「忠犬ハチ公」でおなじみの秋田犬は「日本犬」六犬種のひとつである。秋田犬を筆頭に、甲斐犬、紀州犬、柴犬、四国犬、北海道犬が、昭和初期に相次いで国の天然記念物に指定された。すると日本犬種を啓発し、その保存と育種に努めて活動する日本犬保存会が昭和九(一九三四)年、これらの六犬種を『日本犬標準』に掲載した。掲載犬種以外にも、「日本犬」という言葉からイメージされる犬種には、各地方の地元にのみ生息する犬種や、すでに絶滅したと見られる犬種もそれぞれ一〇種程度ずつ存在するといわれるが、日本犬保存会をはじめ、各犬種の保存団体が純粋な血統の維持に努めてきたのはおもにこれら六犬種であった。

『日本犬標準』とは「日本犬の特徴特質を基として将来作出されるべき日本犬の進路を示すもの」で、標準とはいわゆるスタンダード、つまり日本犬の理想型を示すものである。

犬の体の高さを示す「体高」により、各犬種は大きさ別に、小型、中型、大型に分けて制定されている。秋田犬は、雄の標準体高が六七センチメートル、雌が六一センチメートルと大きく、六犬種のうち唯一の「大型犬」に分類される。

『日本犬標準』に書かれているのは、秋田犬本来の性質や素質およびそれらを有形・無形に感じ取らせるような表現を定義する「本質とその表現」、全体的な外観のありさまを定義する「一般外貌」、「耳」、「目」、「口吻」、「頭と頸」、「前肢」、「後肢」、「胸」、「背と腰」、「尾」、「被毛」の一二項目で、それぞれの具体的な審査基準や減点項目、失格項目、注意点などがあげられている。以下、日本犬保存会のウェブページの解説を参照して『日本犬標準』にあげられるこれら一二項目について概観してみたい。たとえば、「本質とその表現」では、まず「悍威に富み、良性にして素朴の感あり」とある。これは、気迫と威厳、忠実で従順、飾り気ない地味な気品と風格といった、日本犬が生まれながらに根本的性質として持っている本質を重要視する記述である。また、「感覚鋭敏、動作敏捷にして、歩様軽快弾力あり」とは小型犬、中型犬の表現の定義であり、大型犬の表現は、「挙措重厚なる可し」、つまり、重厚な振る舞いをすることが定義されている。「一般外貌」では、雄らしさ、雌らしさという性別の特徴が重要視される。体躯はバランスよくまとまっていること、筋腱は発達していることが望ましい。前肢の足元から肩甲骨上端のやや後ろ寄りを被毛を押して測定する「体高」と鼻づらから尾の付け根までを測る「体長」のバランスは一〇〇対一一〇という長方形の体型が望ましく、雌は雄より多少胴長に感じられるのがよいという。「耳」は頭部に調和したサイズで、やや丸みを帯びた不等辺三角形で、やや前傾気味にピンと立つのが理想である。「目」はやや三角形で、目じりが少しつり目気味で力のある奥目、濃茶褐色が理想的。丸みを帯び、適度な太さと厚みでストップのある口元、豊かな頬から締まりのよい吻だしで、鼻筋は直線、口唇はゆるみなく一直線に引き締まり、歯のかみ合わせのよさ、舌に斑がないことなど、具体的に細かい基準が数多く定義されている。「前肢」はひじを胴体にひきつけ、体幅と同じ幅で地面に接しているとか、指は締まっていてよく握ること、「胸」については、前胸はよく発達し、あばら骨は適度に張って楕円形を示し、胸の深さは体高のほぼ半分、浅くても四五パーセント必要であると細かく規定されている。「背」は背部から腰部尾の付け根までが直線であること、「腰」は頑丈で、歩くときに腰の上下や横ぶれがあってはいけない。「尾」は適度な太さで力強く、長さは先端がほぼ飛節（後肢の関節）まで達していること。表毛は硬く、直状で冴えた色調であること、下毛は綿毛といわれ、淡い色調で軟らかく密生した二重被毛であること。尾の毛は

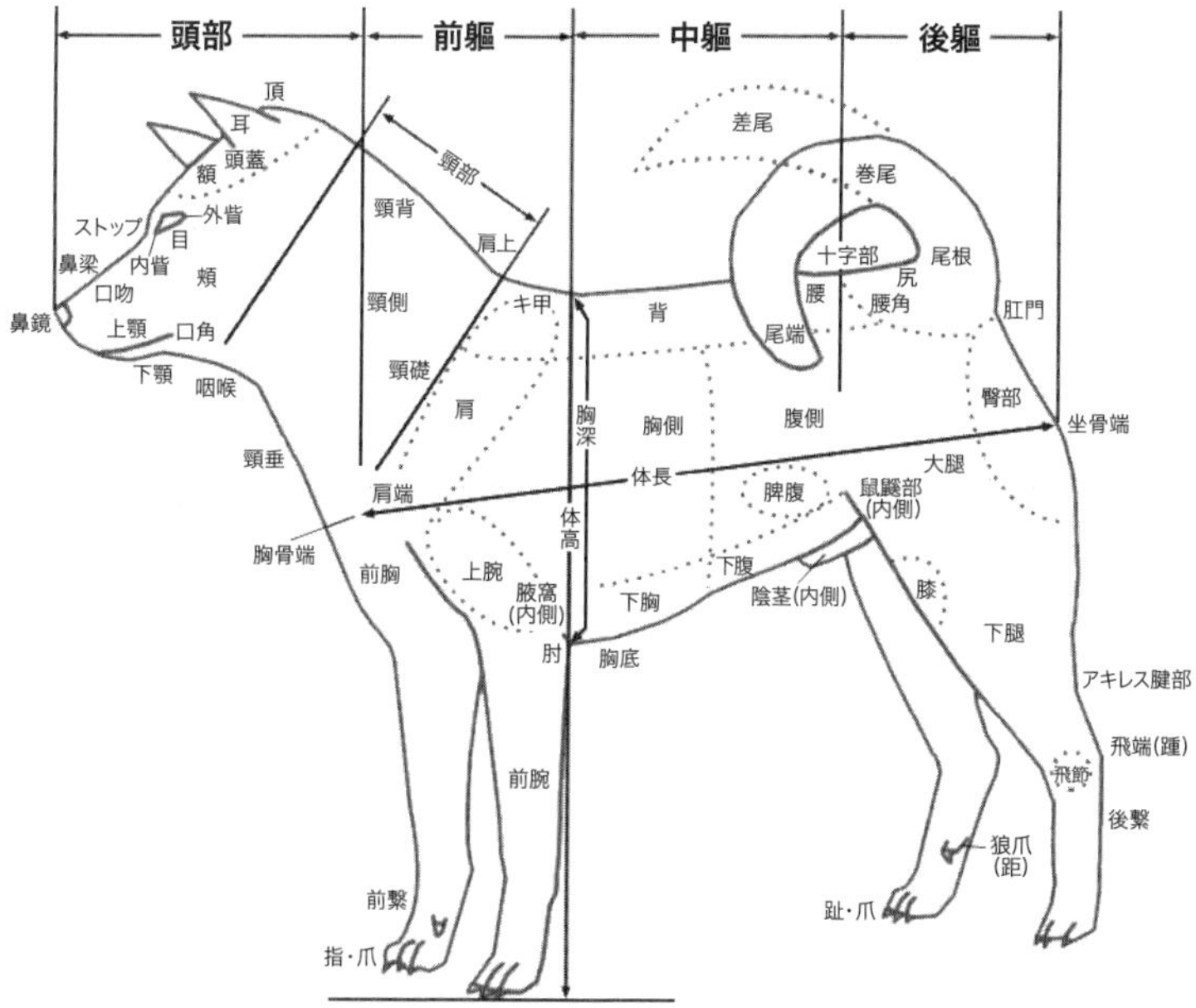

図2-1　日本犬各部名称図（公益社団法人日本犬保存会資料より改変）

やや長く開き立つ。後天的損傷や栄養管理が不適な場合、体色に合わない鼻色、毛色斑は減点対象である。さらに、日本犬の特徴を欠くもの、著しく下顎が出ていたり引っ込んでいたりするもの、尾が奇形で短いものの場合には失格となる。このように細かい基準が標準として定められ、それにもとづいて展覧会での品評や審査がなされる（**図2-1**）。

図2-2　ハチ剝製に見る「立ち耳」「巻き尾」
(小黒美枝子ヤマザキ学園大学教授提供)

六犬種のひとつである秋田犬は、秋田県の一帯で飼われていた闘犬や狩猟犬を家庭用に品種固定した犬種である。毛色の種類は現在、茶色の「赤」、黒色の「虎」、斑のある「胡麻」、白色の「白」に分かれ、身体能力は高く、力強く体格もよく、飼い主には非常に忠実とされる。また、日本犬に見られる「立ち耳」「巻き尾」も特徴とされる。

なお、「耳がぴんと垂直に立つ」と表現する人が多いが、「立ち耳」とは正確には額面から九〇度の角度、つまり、三角形の耳がやや前傾して立つ状態のことである。「巻き尾」とは文字通り尾がくるりと巻いて、尾先が背線（背中、腰部の線）に安定して付いている状態のことで、秋田犬には必須の形とされる。なお、櫻田豊氏によれば「たまに（グルグルと強く二重に巻いた）二重かた巻の秋田犬もいたが、（ハチの）尾はちゃんと巻いている」そうである（**図2-2**）。

秋田犬関連団体の活動

秋田犬にかかわる代表的な団体には、先ほどの日本犬保存会のほか、秋田犬保存会（通称、秋保）、秋田犬協会（同、秋協）などの各種社団法人がある。これらは秋田犬の血統の管理、保護、繁殖を目的に、秋田犬血統書（**図2-3**）の発行や犬のルーツや所属がわかる戸籍のような「犬籍原簿」の整備、展

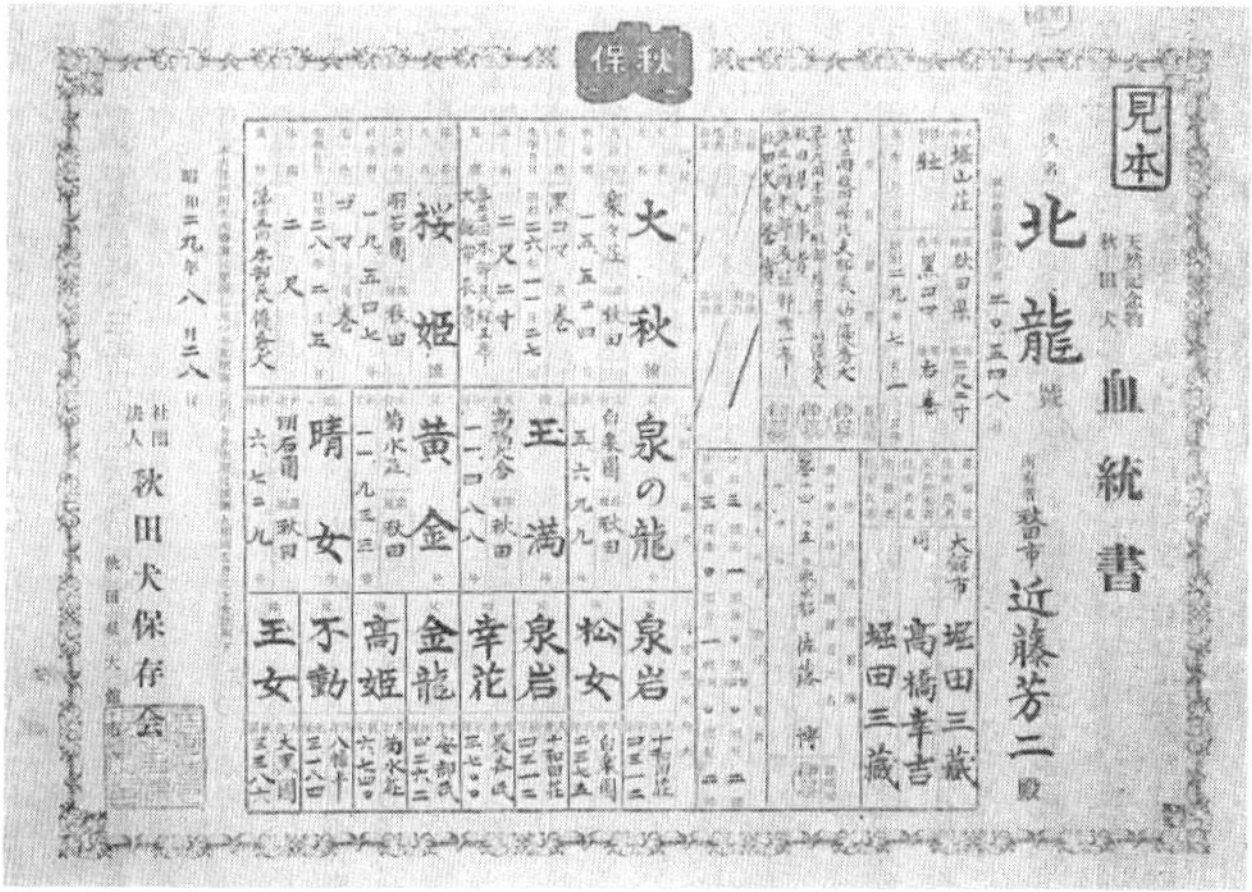

図2-3　血統書（秋田犬保存会発行）（『改訂秋田犬読本』より）

図2-4　展覧会での大型犬の審査の様子
（『日本犬大観』より）

覧会や競技会の実施などを行っている。また、秋田犬保存会の創立五〇年目にあたる昭和五二（一九七七）年には、大館市に秋田犬会館という秋田犬の博物館が建てられている。

昨今は住宅事情もあって小型犬がブームだが、戦前戦後には大型犬人気も高く、秋田犬を出陳し、スタンダードに照らして競う秋田犬展覧会、いわゆる品評会が全国各地で頻繁に催され、盛況であったという（**図2-4**）。そこでは尾の形はどうか、耳は立っているか、歯並びはどうかなどさまざまな審査が数十項目の審査基準に沿ってなされ、入賞犬が選ばれる。櫻田氏はそのような秋田犬人気の全盛期に、秋田犬協会で専務理事や審査員を務め、昭和二〇〜三〇年代には『愛犬の友』誌の記事も執筆していた。秋田犬の各種の展覧会では若年のころより、展覧会に出される出陳犬の解説放送を任され、後に審査などにも長年携わった。さらに櫻田氏は、ハチ剥製の保存方法の助言や、ハチ公ファミリー陶板レリーフの下絵修正にかかわるなど、ハチとも縁が深い。東京のＪＲ渋谷駅ハチ公口横の壁面に飾られる縦四メートル横一五メートルの大型陶板レリーフのデザインは、ハチが楽しく過ごせるようにと複数の秋田犬がまるで家族のようにハチを取り囲む構図になったということだ。

秋田犬の性格

その櫻田氏によれば、飼い主にとっての秋田犬の魅力は、まず、そのおっとりとした鷹揚な性格だという。氏いわく「たとえば、目の前を鳥が飛んでも、柴犬なら飛びつくが、秋田犬は目で追うだけのことが多い」。また「細かいことには動じない」ので無駄吠えも少ない。昭和三八（一九六三）年に（株）誠文堂新光社から出版された『改訂秋田犬読本』によれば、「（秋田犬が）ほえた時は必ず何事かの起こった時」だという。多くの秋田犬を作出してきた複数の秋田犬愛好家も、同年に秋田犬新聞社から出版された『秋田犬大観』への寄稿のなかで、秋田犬の性格面を重視している。たしかに、ハチが銅像になったのも美談あってのことで、外見がよいから銅像になったわけではない。「展覧会で扱うのはどうしても形而下（外見）の問題が多い」が、「より重要なのは形而上の、つまり精神面、性格」だと述べている。そして、秋田犬の「形而上（性格）」の特徴として以下の二点をあげる。

ひとつには「武人裂帛の気魄を内に蔵して、しかも悠揚迫らざる風格」、つまり、勇ましい番犬としての威圧感があること。「他の犬と向き合った時、尻尾を下げたり後退したり、視線をそらしたりするような」、「動物として外敵に対する態度を喪失しているような秋田犬は淘汰してゆくべき」とまで書かれている。秋田犬は「うなるし、目つきから違う」ので、よその人を寄せ付けない「すごみ」があるうえ、「はったり」も利き、番犬の役目をしっかり果たすのだと櫻田氏も説明する。『改訂秋田犬読本』によれば、秋田犬は「なじみの訪客」か「初めての人」か「怪し気な者」であるかを区別し、「ハッキリ主人に聞き分けられる吠え声」で教えてくれるという。「訪問者は悪意ある人であるか否か、の自主判断力は、正しく鋭い」とか。たしかに秋田犬は飼い主以外の人には簡単にはなじみにくいとされる。さらには、「どんな訓練あるシェパードでも買収はできる。が、良い秋田犬に対しては、絶対（買収の）見込みはない」とか、「いやらしいおべっかとおねだりをしないことを誇りにしている」とまで絶賛されており、飼い主が秋田犬に寄せる信頼の篤いことがうかがえる。

秋田犬愛好家があげる二つめの「形而上（性格）」の特徴は、秋田犬の忠実さである。「主人をはじめとして家族一人一人に忠実な秋田犬」が理想的で、「主客の弁別」、つまり飼い主とよその人の区別は厳密にできる犬でなければならないという。また、飼い主のいうことは「なんでも聴き水火をも辞せずという心構え」、つまり、水中でも火中でも飼い主に命じられれば臆せずに進んでいく心構えが必要とされている。『改訂秋田犬読本』には、秋田犬が自分の飼い主一家の子どもから「どんなにオモチャにされようが、御意のままという態度」をとり、「ひどくいじられると見るからに迷惑そうな表情をしながらも、忍耐強くお相手をしているのはよくみる風景」であると書かれている。

ハチもそのように主家に忠実な秋田犬の特性を備えていたことが『日本の犬と狼』には記されている。飼い主であった上野教授亡き後、預けられていた他家で、長らく会っていなかった上野未亡人の声を聞いたときのハチの反応についてである。「玄関で訪う女の人の声がしたと思ったとたん、今までの暑さに弱って土間に腹ばいながらせわしく呼吸していたハチが、躍り上がって尾を振り振り玄関に突進して行き、入ってきた上野未亡人に飛びついた。私はハチの一生であの時ほどいじらしいと思ったことはない」。

秋田犬の外見

では、「形而下（外見）」の理想の特徴、つまり外見については、どのような秋田犬が求められているのだろうか。『改訂秋田犬読本』にも「体構雄大、四肢強健、直立に近きまで発達し、その男性美は、日本人特有の趣味」とあることからわかるように、秋田犬の外見は、その美しさと強さの両面から評価されているようだ。「秋田犬の良さ」については「頑強にてして雄大なる体、独特の顔容、四肢太く尾は大きく力強く巻き、その立姿たるや誠に優美豪快にして重圧感」があるなどと表現されている。

なお、鑑賞犬としての秋田犬の「標準（スタンダード）」は、「歴史と性格の異なる」複数の関連団体によってそれぞれに定められている。これらは以下のようにまとめて紹介されている。まず「均斉とれた身長、骨質、顔がたち、柔軟なそれでいて粘りのある構成」が理想で、小さい犬は排すべきとされる。歯は「(形よりもむしろ) かみ砕く時の強さ、大きさ」、「歯の長さ、あごのでき具合」が重要である。目は「色素の濃淡、虹彩の濃淡」が秋田犬の純度を確かめる手がかりとなり、その色は濃いほどよいとされる。

被毛は、生える長さや密度が「常に目を見張るほどのもの」が理想で、「毛色は純粋黒虎、純粋の赤、純粋の赤胡麻」が好まれる（**図2-5**）。被毛として評価されないのは「やわらかい毛、短めの毛、猪のように荒れてまばらな毛、シェパード犬と変らないブラック・タンの毛色、安いセーム皮のように褪色した毛色」で、「牡はいくらか濃いめの、力を感じさせる毛色」、「牝は美しさを感じさせる毛色でなければならない」。また、「ベタ黒の舌斑の犬の毛色は、やがて取り返しがつかないような不愉快な濁りを示

図2-5　赤色の被毛をした秋田犬（櫻田豊元秋田犬協会専務理事提供）

し、ヤケた色になってくる」など、舌斑と毛色の関係も、長年の作出経験にもとづき分析されている。

性格と外見の調和

なお、多くの秋田犬愛好家による記述から、秋田犬の形而上の性格と形而下の外見が、表裏一体の魅力としてとらえられていることが感じられる。『改訂秋田犬読本』にも「額はいやというほど広く、あごの力が強く、やさしい眼差しが控えめに奥の方からのぞいている」という記述や、以下の記述には、秋田犬のこのような性格と外見上の特徴から、寛大さ、控えめ、共感能力の高さといった、人においても美徳とされる気質を秋田犬に感じ取り、満足する飼い主の様子が描かれている。「夫や私の送り迎えを感情こめて毎度してくれ、病気をしたら沈痛な面持ちになってくれ、やたらに吠え付かないかわり一旦緩急あれば受けて立って退かず、無口で、紳士淑女の来客には甘んじてその愛撫をうける寛大さを示し、運動に連れ出せば、命じるまま二里でも三里でも平気で走る実力をもち」、「用のない時はひなたでうたた寝をし、主人たちとともにあれば欣喜雀躍」してくれる。そんな秋田犬が、まさに理想の犬であるという。

ほかにも、秋田犬の性格と外見の両面の魅力が述べられている。「年齢とともにますます渋さ、素朴さ」が表れ、「素朴感の中に勇猛果敢なる敢闘精神を秘め、片や外敵に向うなれば敢然と立向い己を忘れ、主のためひいては自己を護るため勇猛なる戦いを挑む」、「この精神こそ国犬秋田犬としての忠実にして柔順であり、かつ、また豪快なる所以である」との入れ込みようである。

秋田犬の飼われ方

このように秋田犬に魅せられた飼い主たちは、どのように秋田犬を飼ってきたのだろうか。櫻田氏によれば、戦前の秋田犬のおもな飼い主は、「例えば、医者、弁護士、いわゆる素封家（＝大金持）」で、「秋田犬を持つのがステイタスという感覚」が確実にあったという。『改訂秋田犬読本』には、奥行が三メートル弱もある愛犬の家の平面図が掲載され、推奨されていることからも、「広い屋敷に、飼育環境に恵まれた人々」により飼われていた様子が想像できる。その平面図によれば（**図2-6**）、愛犬の家には、寝室と小運動場が必要であるという。愛犬の寝室の床には、取り外し可能なすのこ板を敷き、開閉式通風窓を奥と手前の二面に配し、奥行三尺（約九〇センチメートル）の広さが確保されている。

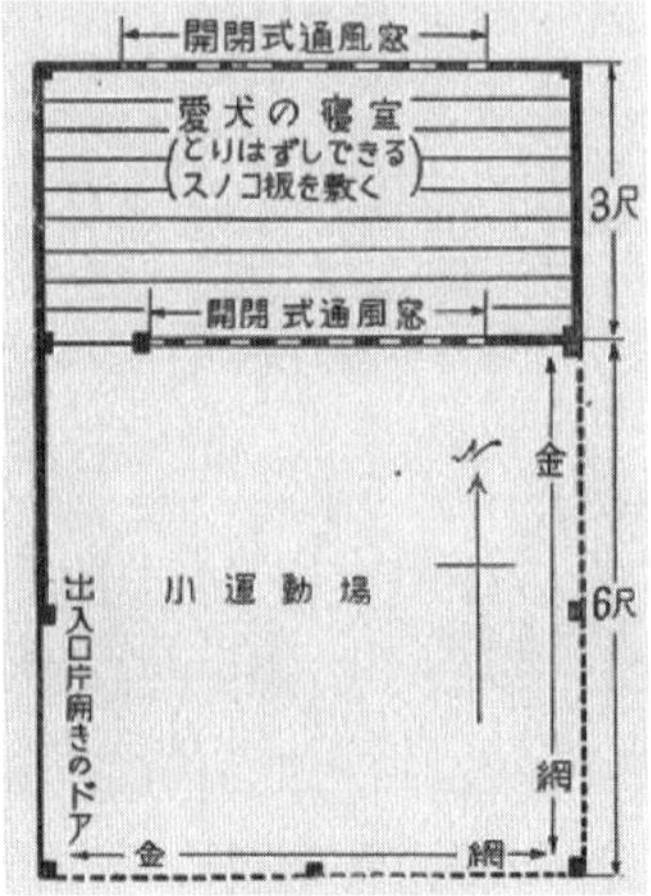

図2-6　愛犬の家平面図
（『改訂秋田犬読本』より）

寝室の南側には、奥行六尺（約一八〇センチメートル）の小運動場が描かれ、そのまわりには、寝室と接する面を除いた二面に金網を配し、その一角には出入口として片開きのドアを付けることが推奨されている。

ところで、当時はいまのようなペットフードはもちろん入手できなかった。食餌はどうしていたのだろうか。秋田犬は大型で食欲旺盛であるため食費もかかる。だが、櫻田氏によれば、わざわざ犬用に麦飯を炊いた家庭がけっこうあったようである。飼い主は愛犬の食餌にも気を配っており、いろいろと相談も受けたとか。そのようなときには「人間が食べておいしいと思うものの半分に（味を）割れ」と助言していたそうである。『秋田犬大観』にも「主食は米飯にその半量の野菜類を小さく刻み、やわらかに煮返す」こと、「吸い物程度の薄味の汁」とし、「肉のひいたものか魚のあらを雑煮程度に」といった記述がある。

たくさん食べた後は運動が必要だ。大型犬なので、定期的な頻回の運動は欠かせず、子犬の時期から運動が重視される。「骨量があり、筋肉のたくましい立派な体構に育てあげるには、適度な運動、栄養食」と寄生虫の駆除が必要とされた。離乳後から生後六カ月ごろまでは、庭があれば自由に遊ばせておき、犬用ダンベルかボールを与えること、「隙をみては朝昼夕に相手になって遊んでやる」こと、生後「五カ月を過ぎたら、朝夕ひき運動に」敷地の外に連れ出してやるのがよい。また、ひき運動の際にも、まずは道路を歩く見知らぬ人や自転車など外界の刺激に慣らすため「驚かなくなってから少しずつ」、「朝五十分から一時間、夕方五十分から一時間」歩かせてみること、「運動中に五、六分相当早く走らせること」、また「散歩後は全身ブラシでマッサージ」してやる必要があるという。「ブラッシュ」(ブラシ)は「上質の豚毛のものが理想的。弾力もあり、持久力があって、犬体に対する肌ざわりもよい」と書かれている。

運動用具としていろいろな製品を推奨する広告が、多くの関連書籍に掲載されている(**図2-7**)。首輪や胴輪にも各種あり、散歩の際に犬につけて引く引き綱には、毛・綿各一本縄や毛・綿各二本縄など材質や太さの異なるいろいろな種類が見られる。櫻田氏によれば、展覧会で入賞した秋田犬には、黄金の引き綱や首輪が副賞でもらえた時代もあり、それは飼い主の家宝になったという。ただし、引き革や引き綱は、犬を運動させるときや訓練の際の使用が主で、「繋留用に使うのはあくまでも臨機の場合」に限るとの記載がある。また「訓練は、首輪と引き綱をつけ、引き綱を通して犬に通ずる愛情を基調として行われる」こととされ、庭があれば普段は敷地内に放し飼いがよいとされた。

放し飼いにしても、秋田犬は静粛性を重んじるため「土台を掘り、庭樹や草花に悪戯をし、柵によじ登る」ようなことはしないそうだ。これに対し、洋犬の場合は（私にはその真偽は不明だが）、「室内に飾られた骨董品をひっくり返す、食器はこわす、家具にいたずらするが、秋田犬は決してそんなことをしない」とあり、秋田犬の静粛性が称えられている。さらに、「広い庭

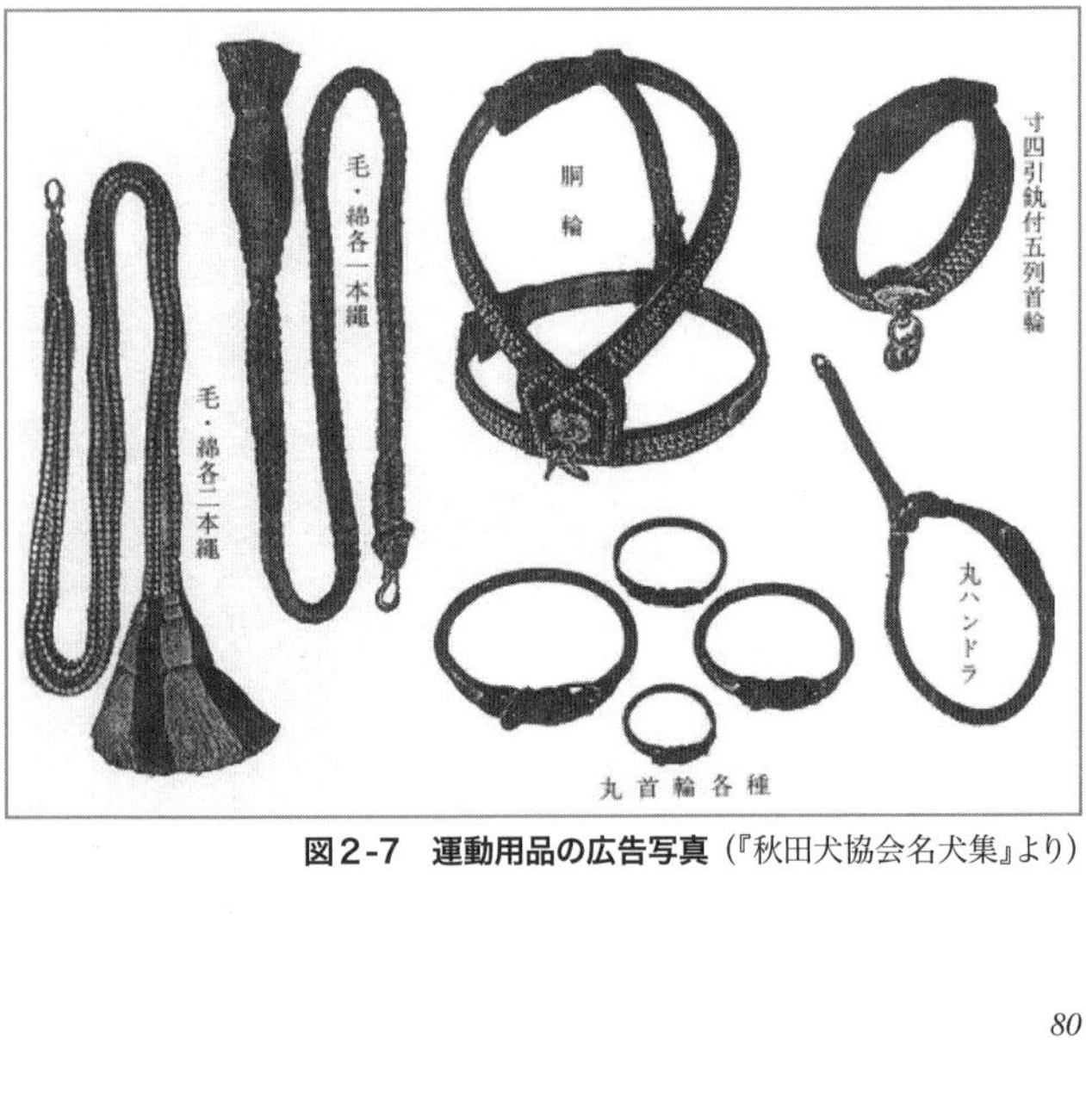

図2-7　運動用品の広告写真（『秋田犬協会名犬集』より）

園に放たれていても朝夕戸外運動に連れ出されている習慣の犬ならば、素人がそれを怠れば、二日も便をこらえ」、「どんなに広くとも自分の庭内をよごすことを好まない」ともあり、秋田犬が清潔性も重んじるためと記載されている。

なお、ハチが放し飼いで敷地外の渋谷駅まで自由に出歩けたのは、飼い主が世話を放棄し、放置されていたからではもちろんない。そのくわしい理由は『日本の犬と狼』に書かれている。それまでハチを散歩させてくれていた近所の新聞配達人が交通事故で亡くなってしまい、当時ハチを預かっていた上野家出入りの植木職人小林氏ひとりでは、忙しくてハチに十分な運動をさせきれなくなった。そこでついに放して飼うようになったので、それ以降渋谷駅通いがいっそう頻繁になったというのがほんとうのところである。

理想の秋田犬の時代的変遷

ところで、秋田犬の理想型は、昔から不変のものではない。時代背景とともに飼い主のニーズが大きく変化した結果、ほかの犬種との交雑も行われ、秋田犬の備える特徴は大きく変貌を遂げた。現在の標準に落ち着くまでの道のりは、まさに山あり谷ありであった。以下では、そのような秋田犬の変遷の歴史を簡単に見ることで、飼い主が秋田犬に求めたニーズの変遷をたどっていきたい。秋田犬の原型は、じつは中型犬の秋田マタギ犬と呼ばれる種類で、いまより小さな犬である。**図2-8**の写真のとおり、マタギ犬は「立ち耳」「巻き尾」の秋田犬の特徴をしっかり備えた犬で、当初は狩猟犬として用いられていた。

各種の文献資料によれば、秋田犬発祥の地である大館の城主は、代々闘犬を好み、それにより武士の闘争心を養ったともいわれている。武士だけでなく、豪農も、番犬や闘犬用に秋田犬を飼育していた。大地主にはお抱えの「犬捜し」がいて、大きな強い犬を他国まで探させたという。明治維新後、闘犬を楽しむ文化は民衆の間にも広がり、秋田県大館を中心に周辺の数カ町村まで広まって非常な盛況を呈した。米どころで肥沃な秋田県地方では、闘犬はもっとも人気のある娯楽文化のひとつであったという。『改訂秋田犬読本』によると、当時は村の豪農や旧家をはじめ、犬を飼える家には必ず一、二

図2-8　秋田のマタギ犬（『日本の犬と狼』より）

頭の猛犬が飼われていた。仏事など親類知人の寄合いには必ず自分の犬を連れていき、行事が終わり次第、山や適当な場所へ集まっては各自の犬を闘わせ、アカが強いとか、クロが勝ったなどといって老若男女を問わず楽しむ風習があったらしい。人々があまりにも夢中になるので、明治・大正時代には、しばしば領主から禁止令が出されるほどであった。明治一八（一八八五）年には初めて官の許可を得て、市街西部の郊外に闘犬場が設置され、一般公開に至っている。そこには二〇〇頭近くの犬が集まり、その多くは洋犬の血が混じらない純日本犬であったのではないかと推定されている。

大正時代までの秋田犬は、天然記念物として飼われていたのではなく、このように闘犬用、つまり喧嘩をさせるために飼われるケースがほとんどであった。少しでも強い犬にすることを求めるあまり、大正初期に興行として大館地方にやってきた喧嘩の強い土佐闘犬と交配させ、闘争の持久力を強めることが流行し、その後は「新秋田」と呼ばれる大型の秋田犬が作出されていった。このころは、秋田犬の大型化傾向とともに、立ち耳が垂れ耳に変わっていくなど、日本犬らしい形質が失われていった時代である（**図2-9**）。

「新秋田」の作出は、一方では現在の秋田犬を立派な体格の犬にするのに貢献したといえるが、他方では、強く大きな犬をつくろうとするあまりに雑多な血の混入を許すことにつながり、洋犬種と交雑した雑種の闘犬の台頭を許すことになった。その後、銅山のドイツ人技師が連れていたという大型の洋犬マスティフとの交雑や、樺太・千島交換条約後には樺太犬との交雑も行われた。さらにいろいろな大型の洋犬種との交雑も進められていくにつれ、当時の犬はほとんどが放し飼いだったので、「立ち耳」「巻き尾」であった近所の犬が、しだいに耳の垂れた犬へと代わっていったという。秋田犬のもともとの姿は、このような経緯で崩れていった。当時の秋田犬の写真を見ると、子爵や男爵らが飼い主でもやはり垂れ耳の犬が多い（**図2-10**）。明治四一（一九〇八）年から四五（一九一二）年までは秋田犬暗黒時代と呼ばれることになった。さらには、森正隆秋田県知事により闘犬禁止令が出され、愛犬熱は低下していった。

図2-9　闘犬荒熊号。明治 34（1901）年ころ
（『秋田犬大観』より）

これに対し、大正時代から昭和初期にかけての時代には、日本犬である秋田犬の血統を保存しなくてはという認識がしだいに識者の間に広まり、保存運動による秋田犬の純化が進められていく。天然記念物保存法発令の翌年、大正九（一九二〇）年には当時の内務省から要請を受け、「日本犬保守運動」の中心にいた渡瀬庄三郎東京帝国大学教授が大館を調査に訪れている。ところが、大館では雑種化がひどく、渡瀬博士は「立ち耳」「巻き尾」の秋田犬を

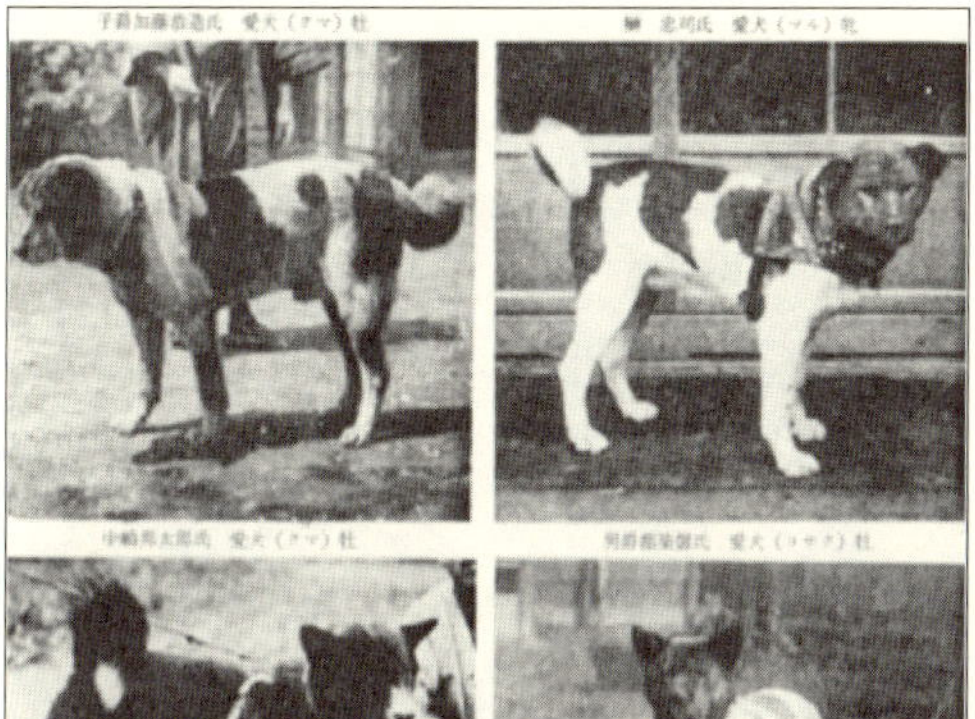

図2-10　子爵、男爵ら所有の秋田犬
(『秋田犬大観』より)

図2-11　ババゴマ号（『日本犬大観』より）

見つけられず、天然記念物指定は見送られた。当時の泉茂家大館町長はその知らせに危機感を抱き、血統保存を主たる目的に「秋田犬保存会」を設立、大館中学校の博物学教員であった小野進氏とともに秋田犬の保存運動を開始した。

元秋保理事・審査員の平泉良之助氏による『日本犬大観』での記述によれば、現在の秋田犬の祖とみなされる主流系統の犬が、泉茂家氏が入手した栃二号という雄と、ババゴマ号という雌で、いずれも大正から昭和初期ごろの秋田犬とされている。栃二号は片耳が垂れていたが、風貌、とくに顔面、目、口元に「深みと、云うに云われぬ沈着と威厳味」や「古武士的顔貌」を持ち、

「凄味」や「骨重」のある種犬として価値の高い犬と評されている。ババゴマ号も顔貌、耳、胸、前肢などからして立派な犬で、一ノ関系といわれる代表的なよい顔と評されている（**図2-11**）。

その後も秋田犬の祖であった秋田マタギ犬の特徴を強く持つ個体を選んで交配し、マタギ犬の特徴をより強く持つ秋田犬を増やし残していく方法、いわゆる「戻し交配」を重ねて血統を「純化」していく努力が続けられていった。こうした保存運動の結果、昭和六（一九三一）年、秋田犬は日本犬で最初の、そして唯一の大型犬として、天然記念物指定を受けられるまでになった。ハチが、飼い主の上野英三郎東京帝国大学教授の死を知らず、その帰りを毎日渋谷駅前で待ち続ける様子が「いとしや老犬物語」という記事で新聞に掲載されたのは、その翌年昭和七（一九三二）年のことである。

渋谷の駅前に飼い主不在でハチだけのハチ公像が建てられたのは二年後の昭和九（一九三四）年、すでにハチはすっかり世間にその名を馳せ、ハチ公音頭がつくられるほどの人気で、飼い主に忠実な秋田犬の特徴を世に知らしめた。その翌年、昭和一〇（一九三五）年三月八日にハチはこの世を去る。秋田犬保存会が犬籍登録を始めたのは昭和九（一九三四）年ごろ、そして昭和一三（一九三八）年には『秋田犬標準』が制定され、

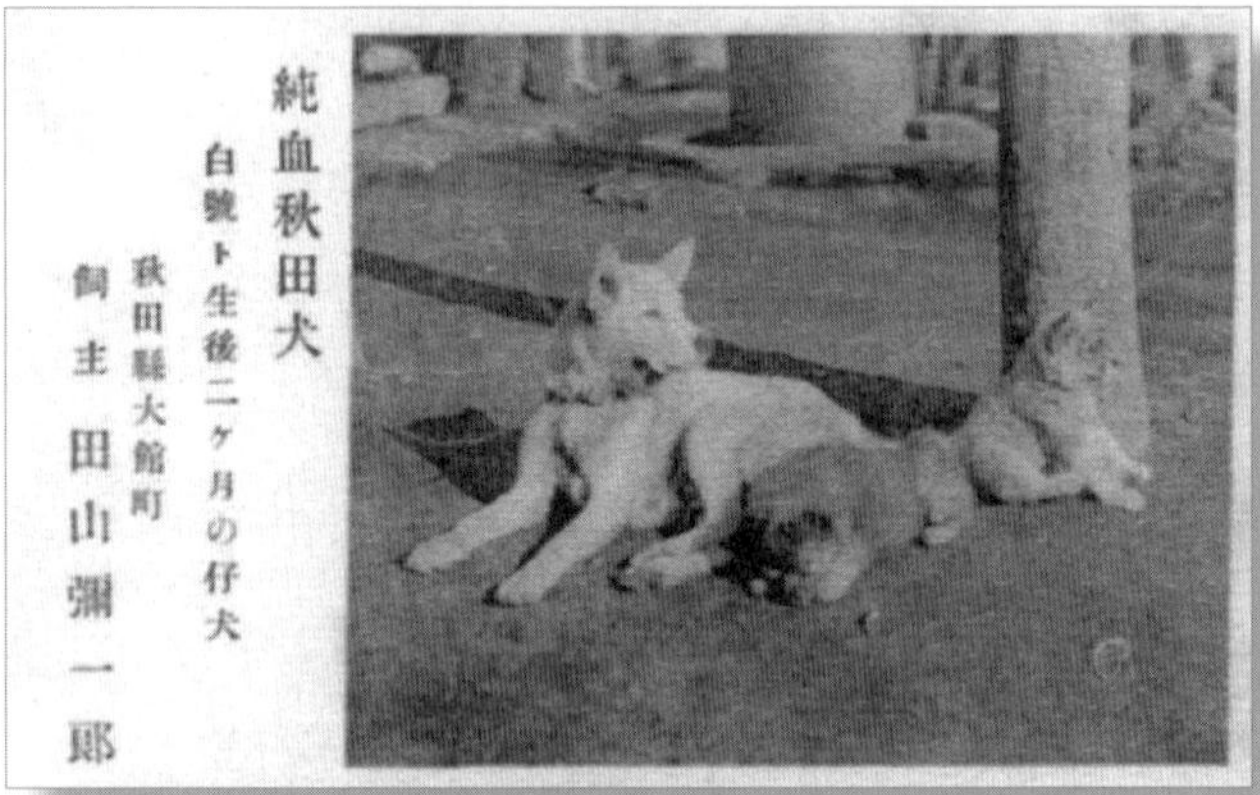

図2-12　絵ハガキに見る昭和初期の秋田犬（『往古日本犬写真集』より）

それを基準とした展覧会が開かれるようになっていった（**図2-12**）。

ところがその後、日中戦争から第二次世界大戦までの戦時期には、犬の商品価値がなくなって展覧会は中止された。食料難から大量の餌を消費する大型の秋田犬を飼える人も急速に少なくなっていた。食料を調達できる富裕層でさえ、飼い続けるのは世間体が悪く、非常に肩身が狭かったのだ。そのような時代にも、血統保存のために無理をした飼い主や、犬への愛着が強く、また番犬の必要性からなんとか殺さずに飼い続けた秋田犬愛好者も少数ながら存在した。だが、防寒用の「毛皮」として軍に供出するため、軍用犬以外の犬には捕獲命令が出された時代に、めだちやすい大型犬を飼い続けることは至難の業であった。そこで捕獲を逃れる目的で軍用犬のジャーマンシェパードドッグと交配させ、「シェパード秋田」を作出する飼い主もおり、秋田犬の純化がそれにより後退することになった。

戦後、当時の日本を占領していた進駐軍の兵士が秋田犬を好み、また、防犯目的として大型犬を望む風潮もあり、わずかな生き残りのシェパード秋田が人気を博した。シェパード秋田の毛色や顔、体格には、戦時中に交雑させたシェパードの特徴が表れていた。なかでも出羽号という雄犬は、「シェパード臭く、バタ臭い感じ」などと展覧会でさわがれながらも非常に多く交配されたため、その子犬は全国に広がって出羽系と呼ばれ、子孫を増やしていった。出羽系のなかでも和風の風貌といわれた館光号から生まれた金剛号は、母犬似の風貌で高い評価を得た秋田犬である（**図2-13**）。一緒に生まれたきょうだいの多くが、当時栄養不足などから流行したジステンパーで倒れるなか、金剛号は元気に成長し、東京近郊で多くの優れた子犬をなした。それらは金剛系と呼ばれ、人気を博したが、洋犬似の風貌とされる黒マスクと顔面のしわ、そして秋田犬らしからぬ従順さから、その後ほどなく廃れていった。

つぎに人気を博したのは、和犬的風貌と凛性を持つとされる一ノ関系であった。ごく少数の純血種の秋田犬から、これまでに交雑された外来犬の特徴を極力取り除き、秋田マタギ犬に戻していく努力が行われた末に、この一ノ関系が、昭和三〇（一九五五）年ごろからの秋田犬の主流となった。一ノ関系の代表犬とされるのが五郎丸号で、全国に子孫が拡大したが、斑紋が出てしまうなど毛色の問題は残っていた（**図2-14**）。

その後も、秋田日系（マタギ犬起源）や太平系との交配でさらに純化が進められ、赤や白の毛色、頬白の素朴な顔立ちなど、日本犬らしい形質を取り戻した秋田犬は、現在では全国で飼育されている。秋田犬の毛色は赤、虎、白、

図2-13　金剛号（『秋田犬大観』より）

図2-14　一ノ関系の代表格、五郎丸号（『改訂秋田犬読本』より）

胡麻の四色とされるが、親犬の毛色が子犬にそのまま出るとは限らず、毛色の遺伝の研究なども行われている（**図2-15、図2-16**）。

なお、進駐軍の兵士が帰国の際米国に連れ帰った当時のシェパード秋田の子孫は、米国から世界各地に広がり、「アキタ」と呼ばれるようになった。だが、日本の秋田犬とは大きく風貌が異なるため、別犬種として区別され、「アメリカン・アキタ」あるいは「グレート・ジャパニーズ・ドッグ」と称されている。

秋田犬としてのハチ

昭和七（一九三二）年に日本犬保存会が出版した『日本犬』の記載によれば、ハチは薄黄の毛色をした雄犬で、肩二尺一寸三分（六四・八センチメートル）、体重約一一貫（四一・二五キログラム）、尾は左巻とある。ハチは、秋田犬のいわゆる標準に照らすと、どのように品評されるだろうか。櫻田氏によれば、ハチの毛色は「黄赤（＝黄茶色）毛で、雑種の名残」の色味らしい。秋田犬は大正五（一九一六）年から昭和五（一九三〇）年くらいの間がとくに雑化がひどく、形も相当崩れていた時期だというが、ハチは当時の秋田犬としては、かなり質の高い犬であったことが剥製からはうかがえるという。「知っている範囲内では、当時それだけの（すば

図2-15　立耳復活に向け斎藤弘吉氏が用いたマル号（マタギ犬）（『往古日本犬写真集』より）

図2-16　現在の秋田犬（左から**赤、虎、白、胡麻**）
（Oguro-Okano *et al*., 2011 より改変）

らしい）犬はいなかった」と櫻田氏も述べている。

剝製のハチは、日本犬保存会初代会長で日本動物愛護協会元理事長の斎藤弘吉氏が自ら調べた記録にもとづいて作図し、それをもとにつくられた。そのため、「実物ではあるのだけれども、かなり実物よりいい犬に仕上がっている」と櫻田氏は説明する。ハチの生前の写真と剝製の形が違って見えるのは、剝製には修正を加えているためだ。「たとえば、目の形にしても、ストップ（落ち込み部）から頭蓋の頂点までの距離と、ストップから鼻の先までの比率、額の形なども、学術的なデータにもとづいてつくっているから、すばらしいものに仕上がって」いるという（**図2-17**）。

では、ハチの性格はどうだったのか。櫻田氏の言によれば、あまり無駄吠えをせず、性質は非常に温和で、「（ハチに）咬まれたという話も、大きい割に小さい犬をいじめたという話も、聞いたことがない」とか。むしろ「危ないと思ったら、そそく

図2-17　剝製のハチ（小黒美枝子ヤマザキ学園大学教授提供）

さと逃げた」そうである。斎藤弘吉の『日本の犬と狼』の記述によれば、新聞に取り上げられて有名になる前までのハチは、いたずらされたり、畜犬票や新しい首輪や胴輪を盗られるなどいじめられていたそうで、おとなしい犬だったことが推測される。「夜になると露店の親爺に客の邪魔と追われたり、まるで喪家の犬のあわれな感じであったので」、斎藤氏が新聞に寄稿したのも「なんとかハチの悲しい事情を人に知らせてもっといたわって貰いたいものと考え」てのことだった。このようなエピソードからも、ハチはおっとりと鷹揚でがまん強い、秋田犬の理想の特徴を備えた犬であったことがうかがえる。

秋田犬と飼い主の関係性

秋田犬愛好家の語りや飼い主に書かれた文献資料をひもとくと、さまざまな記述に込められた飼い主の思いや、飼い主が秋田犬に求める理想のイメージが時代を超えて見えてく

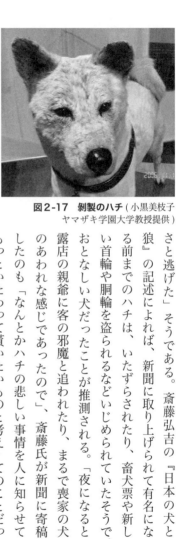

る。秋田犬を表す語彙の多さや表現の格調の高さには、秋田犬に魅了された愛好家の強い賞賛や期待が感じられ、秋田犬と飼い主の関係性が想像以上に深く豊かなことに気づかされる。形而上（性格）・形而下（外見）の両面から秋田犬の魅力が情熱的に述べられた文献資料には、飼い主を守ろうとする秋田犬の資質に富んだ頼もしさと安心感が、秋田犬の究極の魅力として描かれる。そこには、飼い主家族になくてはならない、また誇り高き存在として秋田犬が扱われ、飼い主の深い愛情が感じられる。

多くの文献によれば、屋外飼育から屋内飼育への移行によって飼い主と犬の距離が縮まったといわれる。その結果として、番犬だった犬がペット、そしてコンパニオンアニマルとなり、犬と飼い主のつながりが変質し、強まってきたとされている。だが、番犬と飼い主のつながりは、はたしていまより弱かったのか。文献資料をひもとくといささか疑問に感じられる。いまほど夜道が明るくなく、治安も悪く、ホームセキュリティにも加入できなかった時代に、二重サッシもなく、防犯センサーにも頼れない一軒家では、夜の闇はさぞかし恐ろしかっただろう。そのような時代に番犬は、飼い主一家の不安な心に寄り添い、安心感をもたらす頼もしい存在として描かれていた。すべての番犬が、コンパニオンアニマルほど飼い主とのつながりが強くなかったと考えるのはいささか短絡的だろう。

また、日本犬を洋犬と比べる言説において、日本犬は一般的に飼い主に媚びないとか、わが道を行くとか、クールだと評されがちである。だが、本章で見てきたように、そのような日本犬の代表ともいわれる秋田犬のなかに、すでに昭和の半ばには寛大さや謙虚さ、共感能力の高さといった人としての美徳的性質が見いだされ、賞賛されていたこともまた、紛れもない事実である。これは、犬が番犬として飼われていた当時から、すでに犬が人に同視されることもあった証左であるといえるだろう。このような形而上（性格）的表現、つまり、動物に「心」を見ることが番犬の時代から行われていたことで、飼い主と飼い犬の関係性にかかわる既存の言説の前提が覆される可能性もあるだろう。また、ハチの絶えない人気の理由は、飼い主の死後もなお飼い主を思い続けるという純粋で愛情深い「心」が、現代社会では貴重で得がたいことの表れでもあるだろう。ハチは没後八〇年待ち続けてようやく、飼い主の上野博士と念願の「再会」を果たす。これまで忍耐強く待ち続けたハチの「心中」を思うといたたまれないが、ハチと上野博士が東大農学部に建てられる銅像として、この先ずっと一緒に物語を紡いでいけることは、まさに望外の喜びである。

（にいじま・のりこ　社会学）

Episode 2

エピソード—2

「忠犬ハチ公」の剥製

林　良博

科博（国立科学博物館）には「忠犬ハチ公」がいる。上野の日本館二階、「日本人と自然」のフロアの一角に、昭和基地を生き抜いたカラフト犬（ジロ）たちと並んで、静かに来館者を見つめている。秋田犬（ハチ）とだけ表示されているので、本物の忠犬ハチ公の剥製だと気づかない人が多い。

晩年のハチはフィラリアに侵されていたため、獣医師たちがボランティアで治療していたが、昭和一〇（一九三五）年三月八日の明け方、渋谷駅から離れた稲荷橋付近の路地で死んでいるのが発見された。死体は東京大学農学部で病理解剖され、フィラリアが寄生していた心臓などの臓器は、いまも獣医病理学教室に保存されている。

一方、剥製は科博で制作されることになった。当時日本一の剥製技術者であった坂本喜一の指導の下、本田晋が担当して三カ月で完成させ、六月一五日から展示公開された。本田は、朝から晩まで食事もしないで立ったまま制作に熱中することがしばしばで、「忠犬ハチ公の剥製は僕がつくった」（『大正博物館物語』論創社）の著者で、科博の同僚であった椎名仙卓によると、帰宅途中に立ち寄った赤提灯で酒が入ったときだけ、きつい表情がゆるんだという。本田は八六歳のとき「完成してから胴体の中に、いつ死に、いつ造られ、誰がつくったのかを書いた封筒をこっそりと収めたんだ。今まで何万点も剥製をつくってきたが、そんなものを入れたのはこれだけ」

と述懐している。

剝製制作者の本田だけでなく、ハチに対する思い入れを持つ人は少なくない。日本人だけでなく、ハリウッド映画『ＨＡＣＨＩ　約束の犬』主演のリチャード・ギアも渋谷のハチ公銅像を訪れ、「今日はほんとうに幸せで、光栄な気分です」と記者団に語ったという。

なぜ人びとはそれほどまでに犬に魅かれるのか。アメリカでは引っ越した飼い主を追って何千キロメートルも旅をし、ついにはたどり着いた犬がいたという。ルパート・シェルドレイク著の『世界を変える七つの実験』（工作舎）には、何キロメートルも離れたところにいる飼い主が帰宅しようとするのを察知する犬が紹介されている。この話はＢＢＣが映像化し、ＮＨＫ教育テレビで紹介されたので覚えている人がいるかもしれないが、私は信頼性が低い話だと思う。

ともあれ、飼い主を慕う健気さに加え、バカ正直ともいえる振る舞いが、人間社会に疲れた人びとを癒すのであろうか。かつて「正直者を笑うな」という広告があった。その広告には、ゴールデン・レトリバーが正直そうな（というか、間の抜けた）顔をして、ウィスキーの瓶をくわえていた。ウィスキーの品質に即した正直な価格がつけられていることを示そうとした広告であった。

こんな広告が成立するには、「犬は正直者」という社会通念があることが前提となる。ところが、犬は文字通りの正直者かといえば、そうではない。その例としてよく知られているのは、仮病を使うことである。ある日たま

Episode 2

たま足を引きずっていると、飼い主が心配して、普段以上にかまってくれた。この飼い主の暖かい気遣いが忘れられず、怪我もしていないのに足を引きずる犬がいる。しかし仮病はすぐにばれてしまう。勘のいい飼い主であれば、犬が夢中になりそうなモノを与えて仮病を見破る。興奮した犬は、すっかり元通りの活発な行動を見せてしまうからだ。犬はウソがつける動物であると同時に、ウソがつけない動物ともいえる。

犬に代表されるペットたちは、その飼育頭数の多さに比較すると、驚くほど科学の対象として取り上げられてこなかった。心理学者のニコラス・ハンフリーは、「アメリカにはテレビの台数と同じだけのイヌやネコがいる。テレビのもたらす効果がくわしく研究され報告されてきたのに、ペットが人間にどんな影響を与えているのかはほとんど分析されていない」といったことがある。またカリフォルニア大学デービス校の動物行動学教授のベンジャミン・ハートは、「わが国の政府は、ウシやブタの疾病であれば何十万ドルもの研究費を支出するのに、毎年五〇〇万頭以上のイヌが問題行動を理由に殺処分されても関心を示さない」と私に嘆いたことがある。

この理由を分析した前述のシェルドレイクは、「ペットに強い愛着心を抱く飼い主が、彼らを研究対象にすることを好まないことが根底にあるのではないか」という。また、「ペットは野生動物と異なり、あくまでも個人生活という主観的な世界に暮らしている動物であるため、客観性を重んじる研究者が対象にしたがらないことも原因のひとつではないか」と考えている。科学は、主体と客体の分離を大前提にしている。観察する主体が観察される客体に影響をおよぼすこと、また冷静な主体が愛らしい客体に影響されるのでは困るのだ。

この問題を解決することが、約二〇年前（一九九五年）に私が発起人代表になって「ヒトと動物の関係学会」を設立した目的のひとつであった。いっそのこと、一〇〇〇万人の飼い主が研究者になって多様な観察結果を集積すれば、客観性を担保することができるのではないかと考えたのである。はたして、その目的は達成できたのであろうか？

（はやし・よしひろ　ヒトと動物の関係学）

第話

ハチの死因とイヌの病気の変遷

中山裕之

「忠犬ハチ公」は、渋谷駅前で亡き飼い主を一〇年間も待ち続けた逸話で知られる秋田県産の日本犬で、昭和一〇（一九三五）年三月八日未明に同駅の南側、稲荷橋付近で死亡しているのが発見された。満一一歳であった。当時としては長寿であったと思われる。ハチが亡くなる一年前に渋谷駅前にすでに初代の銅像が完成しており、その忠犬ぶりは日本全国に知れわたっていた。死後七七年経った二〇一二年にハチの死亡当日の写真が見つかり、その記事が同年六月一六日の朝日新聞朝刊に掲載されている。ゴザの上に横たわるハチの亡骸のまわりには渋谷駅の職員たちとともに、ハチの飼い主・故上野英三郎東京帝国大学教授夫人、八重子さんの姿もある。

ハチの遺体は、死亡当日、当時駒場にあった東京帝国大学農学部獣医学科病理細菌学教室（現・東京大学大学院農学生命科学研究科獣医学専攻獣医病理学研究室）に搬入され、午後二時ごろ、病理解剖が行われた。死因は、当時のイヌの多くがそうであったように、「慢性犬糸状虫（犬フィラリア）症」だった。現在、ハチの遺骸は剥製として上野の国立科学博物館に展示されており、生前の姿をしのぶことができる。また、病理解剖の際に採取された主要な臓器（肺、心臓、食道、肝臓、脾臓）は、ホルマリン固定標本として長らく上記の獣医病理学研究室に保管されていたが、二〇〇六年からは東京大学農学部資料館において、飼い主であった上野英三郎教授の胸像とともに一般公開されている。

現在、日本では犬糸状虫症で死ぬイヌはほとんどいない。八〇年足らずの間に死因となる病気が大きく変わったのである。そして、イヌの病気の変遷をめぐる物語はハチの死で始まる。

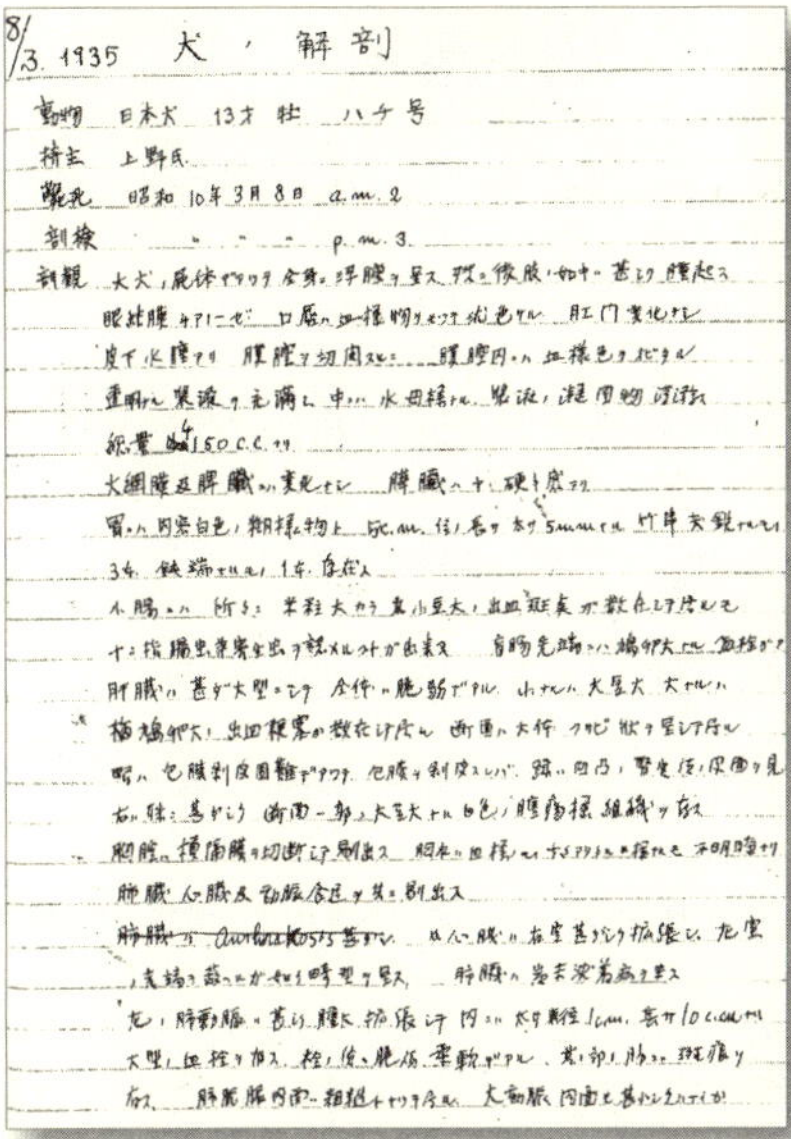
8/3. 1935 犬ノ解剖
動物 日本犬 13才 牡 ハチ号
畜主 上野氏
斃死 昭和10年3月8日 a.m. 2
剖検 〃 〃 〃 p.m. 3

図3-1 ハチの解剖記録

皮下：全身の水腫、特に後肢で著明。眼結膜チアノーゼ。
腹腔：血様色の透明腹水大量（4,150cc）に貯留し、フィブリン塊浮遊。
脾臓：軽度硬度感あり。
胃　：白色糊状内容。長さ 5cm、太さ 5mmの鋭端竹串３本、鈍端竹串１本。
小腸：出血斑散在。
盲腸：先端部に血栓。
肝臓：著しく腫大し、全体に脆弱。出血梗塞巣？を散見。
腎臓：包膜剝離困難。表面凹凸（特に右側で顕著）。割面の一部に大豆大の白色腫瘍様組織を認める。
胸腔：血様胸水少量貯留。
心臓：右心室の拡張。肺動脈は著明に拡張し、直径 1cm長さ 10cm大の大型血栓が存在し、内膜は粗造。
肺　：炭粉沈着著明。
食道：著明に拡張。
診断名：記載なし

上：実物。1935年３月８日。東京大学大学院農学生命科学研究科獣医病理学研究室所蔵。　下：おもな解剖所見をまとめたもの。

ハチの死因

ハチの死因は、病理学研究室に保管されている病理解剖の記録（**図3-1**）とホルマリン固定臓器標本（**図3-2**）の観察により、前述したように「慢性犬糸状虫症」と考えられている。すなわち、この病理解剖記録には、「心臓右心室の著しい拡張」と「全身性の皮下水腫（むくみ）と腹水の貯留（お腹に水が溜まること）」が観察されたとの記載がある。実際、臓器標本を観察すると、心臓右心室はたしかに著しく拡張して多数の犬糸状虫が認められるし（**図3-2左上と右上**）、肝臓はいかにも硬い印象で心不全に起因する線維化（臓器が硬くなること）が容易に想像できる（**図3-2左下**）。記録には、右心室に犬糸状虫が寄生していたとの記載はないが、おそらくこの時代に病理解剖したイヌのほとんどに犬糸状虫が寄生していたため、いちいち記載しなかったのであろう。さらに、胃内に竹串（合計四本）が存在したことが解剖記録に明記されているが、胃粘膜の傷害（出血や穿孔など）を示唆する記載はなく、これらの胃内異物が死因に関与したとは考えられない。しかしながら、ハチの死後八〇年間、顕微鏡を用いた組織学的検査はいっさい行われず、これがハチの死因にさまざまな解釈の余地を与える一因になったと思われる。

ここで犬糸状虫症について少々説明しておこう。犬糸状虫症は線虫の一種である犬糸状虫（*Dirofilaria immitis*）の感染によって起こる。感染犬の血液中にはミクロフィラリアと呼ばれる犬糸状虫の子虫（長さ約〇・二〜〇・三ミリメートル）が存在する。蚊がこの感染犬を吸血し、別のイヌを刺すことで新たな感染が起こる。感染したミクロフィラリアはイヌの体内で成長し、右心室内で成虫（長さ約一五〜二〇センチメートル）に成長する。心室内で雄虫と雌虫が交尾し、ミクロフィラリアが誕生する。ミクロフィラリアは血液を循環し、感染子虫となってつぎの感染に備える。右心室に寄生した犬糸状虫成虫のため心臓の機能が著しく低下する。全身の血液循環が悪くなり、むくみや腹水・胸水貯留が生じる。肺にも水が溜まり（肺水腫）、咳き込むようになる。さらに肝臓が硬くなり肝機能が低下する。現在では、

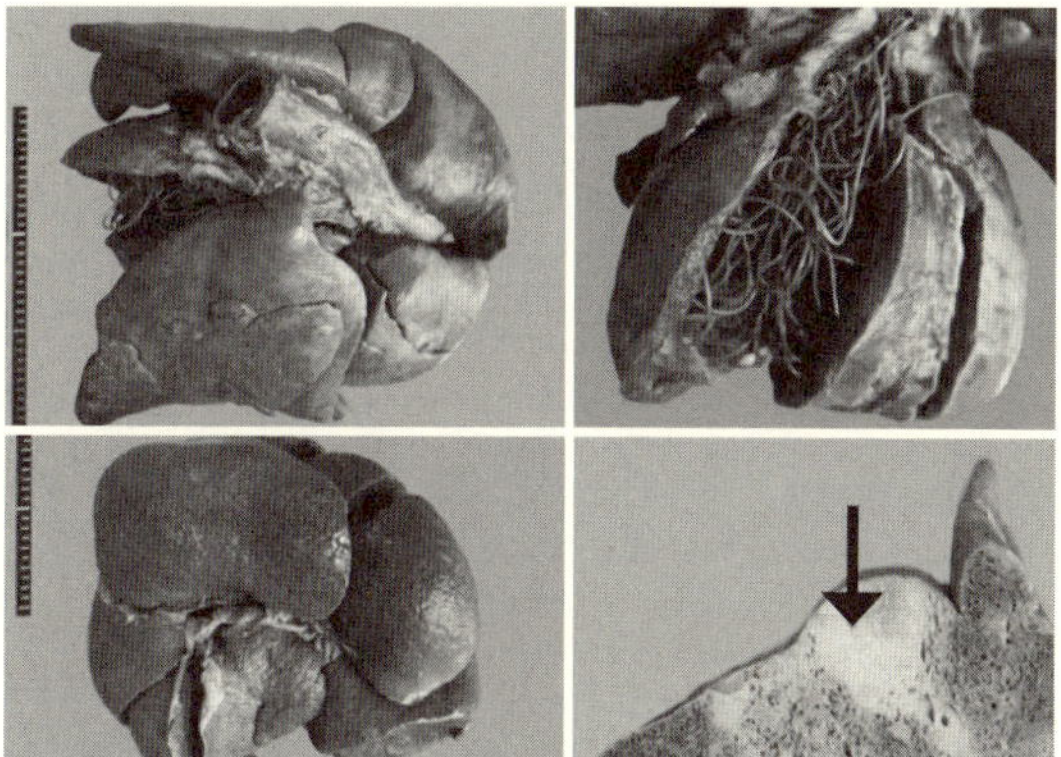

図3-2　ハチのホルマリン固定臓器
上段左：肺と心臓。　上段右：右心室内には多数の犬糸状虫成虫が見られる。　下段左：肝臓。硬くなっている（肝線維症）。
下段右：肺の一部。矢印は瘤（こぶ）の部分を示している。

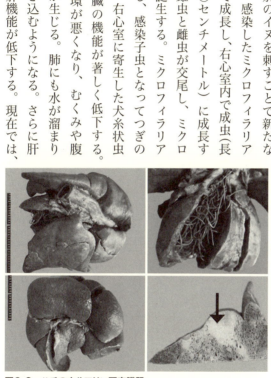

イヌの飼育環境が改善し蚊との接触機会が減ったこと、駆虫剤を用いた予防・治療が奏効していることから、とくに都市部においては犬糸状虫症の発生は激減しているが、ハチが生きた昭和の初めでは、東京都心部でも多くのイヌが犬糸状虫に感染していたと思われる。

さて、ハチに話を戻そう。死亡当日の病理解剖で「犬糸状虫症」と診断されたハチであるが、その臓器はなんの検査をされることもなく、保管されたまま七五年が過ぎた。そして、二〇一〇年の暮れも押し迫ったころ、ある研究者からハチの臓器からＤＮＡを抽出して遺伝子を調べたいという要請があった。固定臓器の一部を切り取る際に、ついでに顕微鏡標本も作製してみようと肺と心臓からそれぞれほんの少しずつ組織を切り取った。じつは、ハチの肺と心臓には直径が数ミリメートルから一センチメートル程度の色がやや薄い瘤《こぶ》があちこちにあり（**図3-2右下**）、これはいったいなんだろうとつねづね思っていたのである。渡りに船とばかりに、瘤の部分を採取し調べてみることにした。正月休みが明け大学に出てみると、標本の作製を依頼した研究室の准教授・Ｕ先生が興奮をかろうじて抑えてやってきた。「ハチ公、がんですよ」。高鳴る鼓動を抑えながらのぞいた顕微鏡のレンズのなかには、明らかながん病巣が存在していた。

肺は、空気を吸い込んで、そのなかの酸素と体から出た二酸化炭素とを交換する臓器で

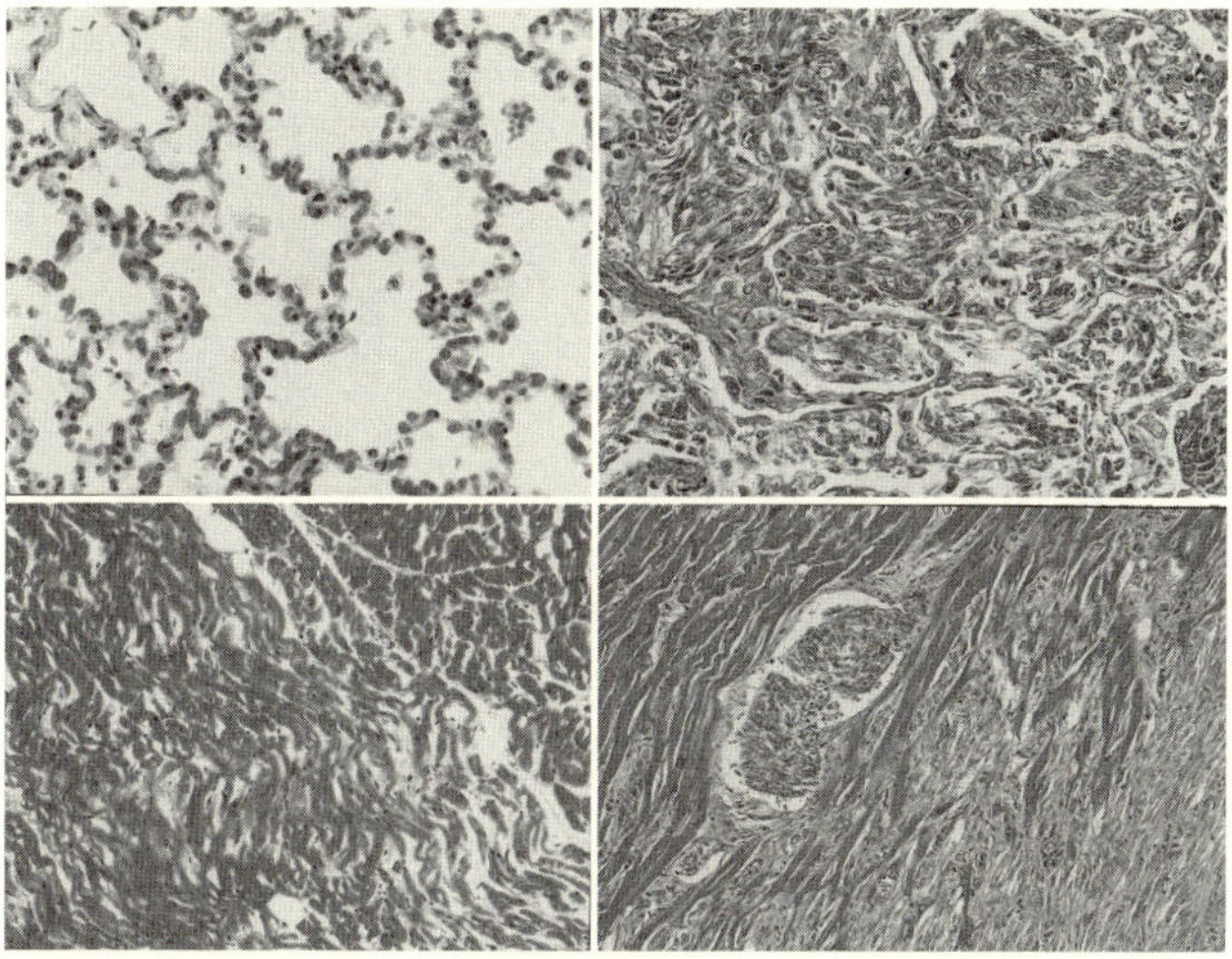

図3-3　正常犬とハチの肺と心臓（顕微鏡像）　左上：正常犬の肺。空気を含む腔所（肺胞）が多数見られる。　上段右：ハチの肺。肺胞内にがん細胞が充満している。　下段左：正常犬の心臓。細長い心臓の筋肉細胞が多数見られる。下段右：ハチの心臓。がん細胞が正常心筋細胞を押しやっている。

ある。その様はまさしくスポンジそのもので、空気を含んだ小さな部屋が多数集まって構成されている。正常なイヌの肺は顕微鏡で観察すると**図3-3左上**のように見える。ヒモのような部分は「肺胞壁」と呼ばれ、毛細血管がここを通る。肺胞壁の間のなにもないところは「肺胞」と呼ばれ、ここに吸い込んだ空気が入る。肺胞内に吸い込まれた空気中の酸素は肺胞壁の毛細血管に入り、毛細血管からは二酸化炭素が肺胞内に出る。肺胞内の二酸化炭素は呼気として体外に排出される。**図3-3右上**はハチの肺の瘤の部分である。本来なにもないはずの肺胞腔内に、不規則な形をしたがん細胞が増殖して、これを埋めているのがわかる。調べたすべての瘤で、このようながん病変が広がっていた。がん細胞は丸みを帯びたものから細長いものまで多彩で、いかにも悪性という顔をしていた。また、がん細胞はまわりの正常な肺組織へも入り込んでいた。さらに、がん細胞が大型の血管やリンパ管内に入り込む像もしばしば観察された。これはがんが肺以外の臓器に転移していることを示している。

心臓の表面にも直径数ミリメートルの瘤がいくつか観察されたため、これらについても顕微鏡観察を行った。心臓は血管壁の筋肉が厚くなった臓器で、「心筋細胞」と呼ばれる細長い筋肉細胞が多数集まって構成されている。**図3-3左下**は正常なイヌの心臓の顕微鏡写真で、細長い細胞が心筋細胞である。一方、**図3-3右下**はハチの心臓表面から採取した瘤の顕微鏡写真であるが、色の薄いがん細胞が増殖して心筋細胞を破壊している。心臓も肺と同様がん細胞に冒されていたのである。

肺と心臓の標本については、がん細胞の性質を調べるために免疫染色という特殊な染色を行ったが、七六年間という長期間ホルマリン溶液に浸かっていたため、良好な結果を得ることができなかった。

標本の外観に影響を与えずにがん病巣の広がりを調べるため、東京大学ベテリナリー・メディカルセンター（動物病院）でＭＲＩ検査を行った。ＭＲＩとはMagnetic Resonance Imaging（核磁気共鳴画像法）の略である。体の内部を精細に観察する方法としてすでに周知であろう。通常は生きているヒトや動物が検査対象であるが、遺体や臓器なども検査できる。**図３－４**はハチの肺と心臓についてのＭＲＩ検査の結果である。図の中央にある臓器が心臓、それを取り囲む臓器が肺である。図中の矢印で示された白く見えるがん病変は肺のほぼ全葉と心臓の右心室壁、中隔、左心室壁に多数認め

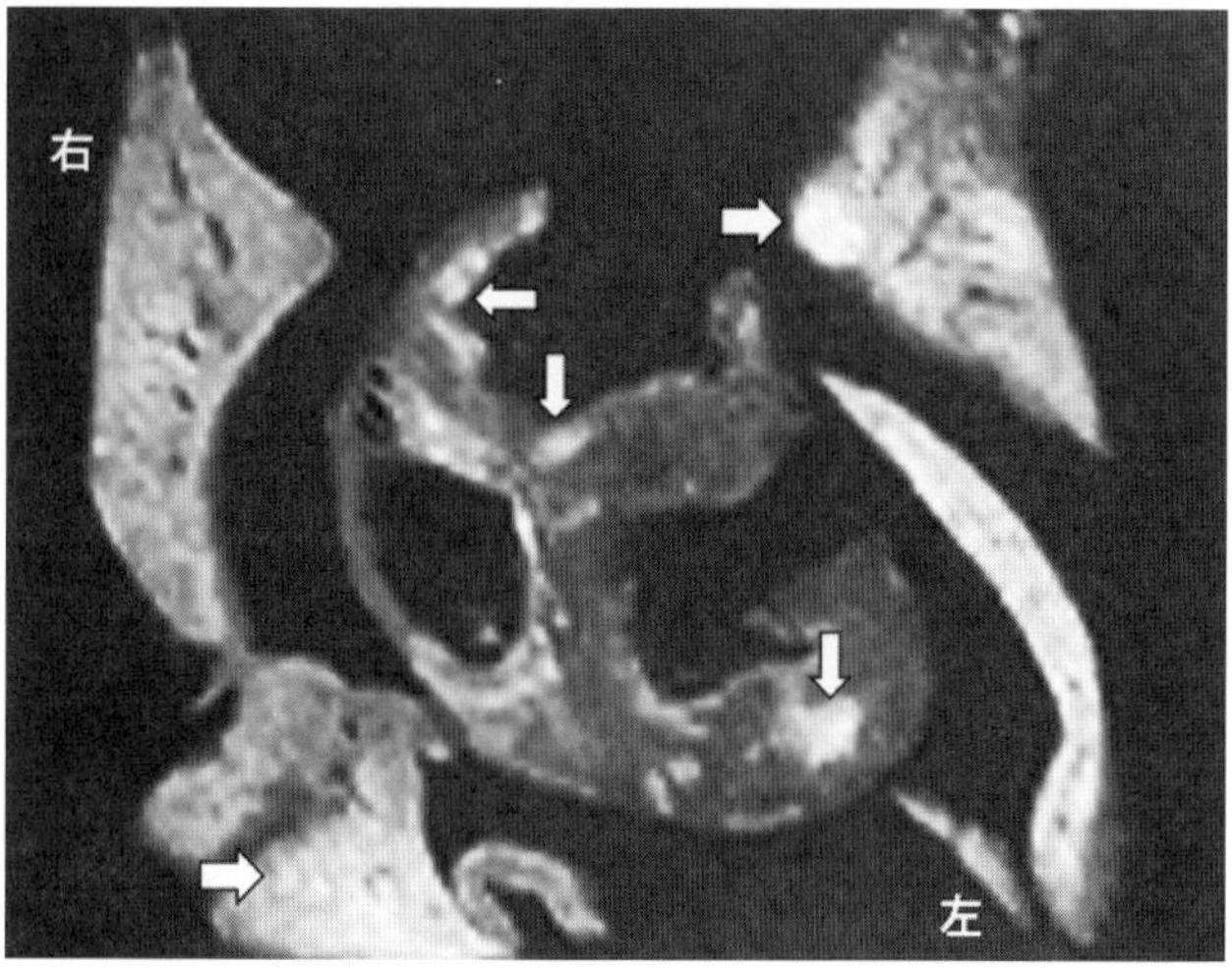

図3-4　ハチの肺と心臓（MRI画像イメージ）
矢印で示される白い部分ががん病巣。

られた。

今回の検査により、ハチは、①慢性犬糸状虫症に加えて肺と心臓のがんにも罹患していたこと、および②このがんもハチの死因として重要であること、が新たに明らかになった。ハチを襲ったのは、専門的には「癌肉腫」と呼ばれるがんであった。おそらくまず肺に発生し、その後心臓に転移した可能性が高い。また、このがんはきわめて悪性度が高いと推察される。心臓に転移したがんが、犬糸状虫の感染と相まって、ハチの死期を早めたと考えられる。

「忠犬ハチ公」の物語は、「人と動物の関係」を述べるときの象徴的逸話として、今後も大切に語り継がれていくであろう。一方で、関係する事実を科学的に明確にして、その情報を後世に正確に伝えていくことも重要である。加えて、標本を適切に保管することの重要性も指摘される。今回はＭＲＩという近代的な機器を用いることによって、過去の標本における病変の分布を明らかにすることができた。今後も標本を適切に保管することで、将来新たに開発された技術を用いて診断を確定することが可能になるかもしれない。

イヌの病気の変遷

一八七四年、現在の東京大学大学院農学生命科学研究科・農学部の前身である農事修学場が新宿に設立された。このときにはすでに獣医学科も設置されていた。農事修学場は一八七七年に駒場に移転し、一八七九年一一月には外国人講師ヤンソンの尽力により家畜病院が設立された。以来今日まで、家畜病院（現在では「動物医療センター」と名称が変更されている）では連綿と病畜の診療・治療が行われている。死亡した動物は解剖され、死因が究明されてきた。私が所属する獣医病理学研究室には明治三五（一九〇二）年からの病理解剖記録が保管されている。ハチが生きた時代、昭和初期のイヌはどんな病気に罹っていたのかを知るため、ハチが亡くなる二年前、昭和八（一九三三）年のイヌの病理解剖記録について、年齢、フィラリア症の有無、直接の死因を調べてみた。

まず初めにイヌの平均寿命の変遷を調べたところ、**表3-1上段**に示すように一九三三年に東京大学で解剖したイヌ三六頭の平均年齢は二・三歳であった。これは病気の

表3-1　イヌの平均年齢

イヌ	解剖数	平均月(年)齢	平均年齢
1歳以下	24頭	4.9カ月	2.3歳
1歳以上	12頭	6.2歳	

	1983~86	1990	1994	2011
イヌの平均寿命	8.2歳	8.6歳	10.1歳	13.3歳

上段：1933年に行ったイヌの解剖症例の平均年齢（現・東京大学獣医病理学研究室の解剖記録より作成）。
下段：1983年から2011年までのイヌの平均寿命の推移（小川・林谷、1997およびアニコムホールディングス、2012を参考に作成）。

ため死亡し解剖されたイヌの平均年齢であり、実際の平均寿命とはもちろん異なるものであるが、概ね等しいと考えてまちがいないであろう。ちなみに、わが国におけるイヌの寿命に関する唯一の大規模調査によると一九八〇年代、一九九〇年、一九九四年、二〇一一年のイヌの平均寿命は、それぞれ、八・二歳、八・六歳、一〇・一歳、一三・三歳である（**表3-1下段**）。一九三〇年代から一九八〇年代の五〇年間にイヌの寿命は六歳も延長した。単純に割り算すると一年間に〇・一二歳の延びである。一九八六年から二〇一一年まではその延び率はさらに加速し、一年間に〇・一七歳となる。すなわち、ハチの時代から現在まで、わが国のイヌはじつに一〇年以上長生きになった。この間、ヒトの医療と同様、獣医療の進歩はじつに劇的であった。さまざまな抗生剤の開発・利用、ワクチンの普及ばかりでなく、衛生観念の進展などによって、感染症の発生が急激に減少した。昭和初期を生きたイヌの多くは生後すぐにジステンパーなどの感染症に罹患し、有効な治療法がなかったため、一歳までに死亡するものが多かった。そのため平均寿命が著しく低くかったと考えられる。幸いこの年齢を乗り越えたイヌも中年期以降、今度は犬糸状虫症に罹患し、がんの発生年齢である老年期に達する前に死亡していたようだ。このときから八〇年以上経過した現在は、ジステンパーワクチンの接種、犬糸状虫の駆除が普及し、多くのイヌはこれら感染症の脅威を逃れている。その結果、長寿になり、今度はがんの罹患率が増加したのである。

「感染症」から「がん」へ、死後七六年を経て明らかになったハチの死因は、図らずも、昭和初期から現在に至るイヌの病気の変遷を映し出すことになった。**表3-2上段**に一九三三年に東京大学獣医病理学研究室で病理解剖したイヌの病名を示した。解剖症例の六〇パーセントは一歳以下で、ほぼ全例がウイルスや細菌の感染症のために死んでいる。四〇パーセントが一歳以上であったが、これらの多くは犬糸状虫症が原因で死亡した。がんで死んだイヌはわずか一例のみであった。下段には二〇一〇年に病理解剖を行ったイヌの病名をあげた。三八例中、犬糸状虫症とジステンパーはいずれも発生がなく、二二例ががんであった。わずか八〇年の間でも病気は変遷していく。それどころか、わずか数年で変わる場合もある。**表3-3**は一九八三年から一九九四年のイヌの病気の変遷を示したものである。感染症は一九九〇年から一九九四年のわずか一四年間で一五ポイントも減り、犬糸状

表3-2　昭和初期のイヌの病気

年齢	症例数	フィラリア症	ジステンパー	肺炎*	腫瘍
1歳以下	18	1	10	5	0
1歳以上	11	10	0	1	1
	29	11	10	6	1

＊はジステンパーの疑い

2010年	38(1歳以下1)	0	0	5(二次感染)	22

昭和8(1933)年の記録をまとめたもの(現・東京大学獣医病理学研究室の解剖記録より作成)。

下段は2010年のイヌの病気(参考)。

表3-3　イヌの疾患の推移 (1983 ～ 94)

%	1983～86	1990	1994
感染症	都市 23.4 郊外 37.3	29.9	15.4
犬糸状虫症	都市 8.9 郊外 19.2	18.2	15.4
非感染症	都市 55.9 郊外 43.8	50.4	62.2

(小川・林谷、1997 より改変)

虫症も三ポイント減った。これに対し、がんに代表される非感染性疾患は四年間で一二ポイントも増加している。

私の研究室では、保存されていたハチの臓器を死後七六年を経て再検査し、肺と心臓のがんもその死因と考えられることを発表した。ハチの死から八〇年近く経った現在、イヌの死亡原因の多くはがんである。ハチがいた時代、すなわち昭和初期のイヌの寿命は現在よりはるかに短かった。その多くはジステンパーなどの感染症により一歳齢以下で死亡し、運よく一歳を超えたイヌもその後ほどなく犬糸状虫症などが原因で、一〇歳までには死んでいた。現在、獣医療の進歩や動物衛生事情の進展により、ハチが生きた時代に比べてイヌの寿命は飛躍的に延長した。その結果、ヒトと同様、がんを含む成人病がイヌの死因の大部分を占めるようになった。

伝染するがん

イヌの病気の変遷について、もうひとつ例をあげよう。可移植性性器肉腫(Transmissible

Venereal Tumor ; TVT）と呼ばれる「がん」がある。雄では陰茎（ペニス）の表面、雌では腟の粘膜にがんができる。このがんは交尾によってイヌからイヌへと伝染する。性器以外の皮膚でも傷にがん病巣をこすりつけると、やはりそこにがんが発生する。伝染するがんといえば、ヒトや動物でがんウイルス感染による白血病が知られている。ＴＶＴも当初はがんウイルスの感染が原因と考えられたが、数多の研究によってもそのようなウイルスはいっこうに見つからず、現在ではがん細胞そのものが伝達するとされている。すなわち、このがん細胞は最初に生じたがん細胞そのものの子孫なのである。通常、同じ動物種であっても別の個体の細胞は非自己と見なされ、免疫機構によって体から排除される。しかし、ＴＶＴのがん細胞は免疫機構の監視から逃れるなんらかの術を獲得し、数百年数千年の間、まるで感染体のように振る舞ってきた。

このようにがん細胞そのものが伝達するがんは、ヒトも含めほかの動物ではまったく知られていなかったが、一九九六年、オーストラリア・タスマニア島に生息する絶滅危惧動物「タスマニアデビル」に突然発生した。この「デビル顔面腫瘍疾患（Devil Facial Tumor Disease）」ではＴＶＴと同様、がん細胞が他個体の顔面皮膚の傷などに接触することで伝達する。顔面、とくに口の周囲にがんが生じた個体は、ものを食べたり飲んだりできないので衰弱死する。この病気のためタスマニアデビルの個体数は激減し近い将来の絶滅が懸念されているが、罹患個体を捕獲隔離し正常な野生個体との接触を断つことによって、若干の光明が見え始めている。

タスマニアデビルのがんとは異なり、TVTはおもに性器に発生し、交尾によって雌雄間で伝達する。私が学生であった一九八〇年代には東京近郊でもまだTVTはときどき発生していたが、一九九〇年代以降はまったく見られなくなった。地方ではまだ少数の発生があると聞いているが、それにしても激減している。その理由として野犬がほとんどいなくなったこと、イヌの繁殖がほぼ完全に人間によってコントロールされたことがあげられる。交尾をコントロールすることでがん細胞の伝達が遮断されたのである。したがって、イヌの交尾が人間によってコントロールされていない発展途上国では、TVTの発生率はまだまだ高い。

TVTのがん細胞の起源は単一であると述べたが、それは二〇〇〇~二五〇〇〇年前(七八〇〇~七八〇〇〇年前という説もある)に遡る。残念ながら、正確な年代を同定することは困難で、大雑把な推定しかできない。この時代に、一頭のオオカミあるいはオオカミに近縁の東アジア原産のイヌ(バセンジ、サモエド、マラミュートなど)に生じたがん細胞が、個体を超え、時を超えて現代まで連綿と生き永らえているのである。タスマニアデビルの顔面腫瘍もTVTも、これまで存在しなかった病気があるとき突然発生して、その後長い間存続し、しかしながら人間に支配されることで今度は忽然と姿を消す。病気の変遷現象のよい例と思われる。

イヌにアルツハイマー病はあるのか

スコットランドの作家、ウォルター・スコットは大の愛犬家で、キャンプという名前のイヌを飼っていた。生活をともにしてきたキャンプが亡くなったとき、その別れに際してこの作家は「人はなぜ犬とこんなに早く別れなければならないのか」と悔やむと同時に「動物の寿命が人と比べてなぜこんなにも短いのか」とも嘆いたという。キャンプが亡くなったのは一二歳であったが、当時のイヌの寿命を考えるとかなり長生きだったといえよう。哺乳類でも体が小さいマウスやラット、ハムスターなどのげっ歯類の寿命は二年から三年であるのに対し、ヒトの最大寿命は一二〇歳といわれている。また、昔から長寿の象徴とされるカメのうち、体の大きなゾウガメには二〇〇年も生存する個体がいる。どうして動物の種類によって寿命がこんなにも異なるのだろうか。老化のスピードは動物の種類によって異なっている。マウスやラットの一生はヒトの一生の五〇分の一であり、イヌやネコは五分の一である。それぞれヒトに比べて五〇倍、五倍のスピードで生きている。ヒトと動物が同じスピードで一生を過ごすことができれば、ウォルター・スコットとキャンプの悲劇も起こらなかったかもしれない。

病気には動物の種類によって症状や病変が異なるものがある一方で、動物種が異なっても同じ症状、病変を示すものがある。たとえば、先進国では大きな社会問題になっているアルツハイマー病による認知症はヒト以外の動物にも起こるのだろうか。

アルツハイマー病の発病メカニズムとして、現在「アミロイド仮説」が多くの研究者から支持されている。アミロイド前駆体タンパク質（ＡＰＰ）が異常分解することで生じるβアミロイドがアルツハイマー病の始まりとする仮説である。ＡＰＰをつくる設計図（すなわち遺伝子）は存在するが、βアミロイドはＡＰＰの分解で生じるので、βアミロイドの遺伝子は存在しない。ＡＰＰというタンパク質には生物の体にとってなにか重要な役割があるにちがいないが、その役割はまだ完全にはわかっていない。さて、このＡＰＰがαセクレターゼおよびγセクレターゼという酵素によって異常分解されるとβアミロイドができる。βアミロイドは脳の神経細胞に対する毒性が強く、これらの細胞を破壊し、また神経細胞内にあるタウと呼ばれるタンパク質をリン酸化タウに変化させ、不溶性の神経原線維変化（NFT）と呼ばれる細胞内構造体をつくる。NFTができると神経細胞は本来の働きができず、またβアミロイドの毒性によって神経細胞の数も減少するので、脳は萎縮し機能も著しく低下する。こうして認知障害などの症状が現れる。

アルツハイマー病やパーキンソン病は壮年期から老年期に起こる神経系の病気で、脳に異常なタンパク質が沈着することで生じる。アルツハイマー病の場合は上述したようにβアミロイドであるが、パーキンソン病の場合はαシヌクレインと呼ばれるタンパク質である。加えて、ポリグルタミン病、筋萎縮性側索硬化症（ALS）、それから牛海綿状脳症（狂牛病）で有名なプリオン病も異常タンパク質が脳や脊髄に沈着することで起こる。このような神経系の病気は「神経変性疾患」と総称されている。神経変性疾患で沈着する異常タンパク質の前駆体は、生物の体の中でなんらかの重要な役割を持っていると考えられるが、いったん変化すると不溶性になって凝集し、いろいろなところに沈着してしまう。こうした不溶性の異常タンパク質が長い時間かけて沈着し、脳をゆっくり傷害し病気を起こすのである。このような病気を総称して「タンパク質折りたたみ異常病（Protein Misfolding Diseases）」と呼ぶ。

さて、これまで述べてきたことをもとにして、「動物にアルツハイマー病はあるのか」という命題を検証してみよう。**図3-5上段**はヒト、カニクイザル、イヌ、マウスのおよその寿命を棒の長さで表わし、それぞれの動物で脳にβアミロイドが沈着する時期、およびNFTが見つかる時期についてパターンを変えて示したものである。各動物の寿命は、ヒトは九〇年、カニクイザルは三五年、イヌは二〇年、マウスは二年とした。寿命の後半になると脳にβアミロイドが沈着し（アミロイドゾーン）、老人斑、血管壁アミロイド沈着と呼ばれる病巣が現れる。ヒト

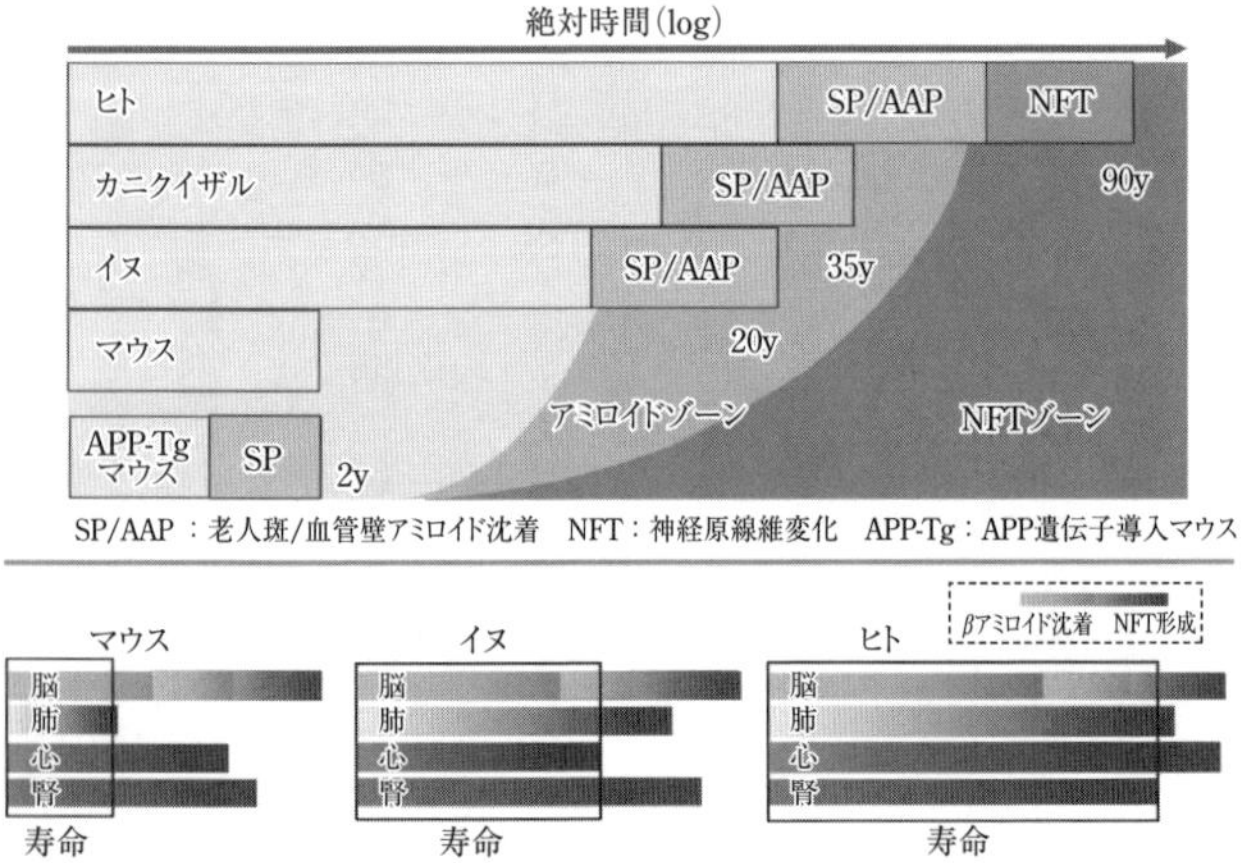

図3-5　動物の脳病変と加齢との関係
上段：老人斑、血管壁アミロイド沈着、神経原線維変化 (NFT) の出現と寿命との関係 (仮説)。
下段：生命維持に重要な臓器のひとつが機能停止すると寿命が尽きる。マウスは肺疾患、イヌは心疾患、ヒトは腎疾患で寿命が尽きると想定している。

ではβアミロイド沈着に続いてNFTが形成される（NFTゾーン）が、カニクイザルとイヌではβアミロイドの沈着は起こるもののNFTは見られず、マウスに至ってはβアミロイドも沈着しない。マウスでは、人為的にヒトのAPP遺伝子を導入したAPPトランスジェニックマウス（遺伝子導入マウス）で老人斑が観察されたという報告がある。APP遺伝子導入マウスではAPPの産生が亢進し、その結果、βアミロイドの産生と沈着も亢進、老人斑形成が起こったと考えられる。

動物種ごとに寿命とそれぞれのβアミロイド沈着時期が決まっていると考えてみよう。ある年齢から、おそらくヒトでは四〇歳くらい、イヌの場合は一〇歳くらいから不溶性βアミロイドが沈着し始め、その沈着は時間をかけて重度になる。ヒトではさらに引き続いてNFTが形成される。βアミロイド沈着とNFT形成が重度に生じた人はアルツハイマー病になる。これに対し、カニクイザルとイヌではβアミロイドの沈着は起こるが、NFT形成までは到達しない。その前にほかの疾患で死亡してしまう。マウスに至ってはβアミロイドの沈着すら起こらない。沈着する前に寿命が尽き死んでしまう。

この説を証明するにはどうすればよいであろうか。それぞれの動物の寿命を大幅に延ばすことができれば簡単に結論が得られるが、いくら科学が進歩しても極端な不老長寿はそう簡単には実現できない。ＡＰＰやタウの遺伝子を動物に導入して、それぞれのタンパク質の産生を加速すればよいかもしれない。実際に、ＡＰＰまたはタウ、あるいは両方の遺伝子を導入したマウスがつくられ、老化により老人斑、ついにはＮＦＴ様の構造が認められたという報告がある。ただし、イヌやサルでこのような遺伝子組み換え動物をつくることは、技術的にもかなり先のことになるであろうし、それ以前にさまざまな倫理的問題が立ちはだかるであろう。

動物の種類にかかわらず、脳の寿命はほかの臓器に比べて長いのかもしれない（**図3-5下段**）。すなわち、脳の老化スピードはほかの臓器に比べてゆっくりであるといいかえられる。ヒトも含めて動物は、生命維持に重要な臓器が障害されると死んでしまう。ヒトの脳では加齢にともなってＡＰＰが異常分解されてβアミロイド、そしてリン酸化タウからなるＮＦＴがつくられるが、ヒト以外の動物ではそれらが産生され沈着する前に、ほかの臓器の寿命が尽きて死んでしまうのであろう。ヒトも大昔は動物と同様であったと思う。医療の急激な進展によって脳以外の臓器の寿命が延び、多くのヒトが高齢まで生きるようになると、一部のヒトにβアミロイドの沈着（老人斑、血管壁アミロイド沈着）やＮＦＴの形成、そして神経細胞の消失がめだつようになる。これがアルツハイマー病なのである。

イヌやサルの場合、βアミロイド沈着は観察されるが、NFTの形成までは至らない。遺伝子導入していない野生型マウスではβアミロイドの沈着も起こらない。おそらく寿命が足りない。したがって、「イヌも含めヒト以外の動物にはアルツハイマー病はない」ということになる。ヒトだけが唯一アルツハイマー病に罹患する動物なのである。

忠犬の話は世界中にある。ウォルター・スコットとその愛犬キャンプが住んでいたスコットランド・エジンバラの街にも忠犬ボビーがいた。旧市街の一画には幽霊伝説でおなじみのグレイフライヤーズ教会がひっそりとたたずんでいる。この教会の門を入ってすぐにボビーという名のスカイテリア犬の墓があり、花が絶えることがない。グレイフライヤーズ教会の近くにはエジンバラ城へと続く橋があり、欄干の擬宝珠はボビーの像になっている。観光客がなでたり、写真を撮ったりしている。ボビーもハチと同様、飼い主が亡くなった後に、そのゆかりの場所を訪ね続けたことで「忠犬」の尊称を授けられ、ついには橋の欄干に像がつくられた。ハチもボビーも飼い主より先に死んでいれば普通のイヌであった。像がつくられることもなかったであろう。そして、残念ながらウォルター・スコットの愛犬キャンプは普通のイヌだった。多くのイヌがそうであったように、飼い主より先に死んでしまった。ウォルター・スコットが嘆いたヒトとイヌの寿命の差、このためにイヌはアルツハイマー病の病苦から逃れているのである。

東京大学農学部の門を入ってすぐ右手に小さな資料館がある。私が学生のころは車庫であった。二〇〇六年に資料館になったということだが、残念ながら記憶にない。私も馬齢を重ねて、脳にβアミロイドが沈着し始めたのかもしれない。この資料館には、開館以来、ハチの飼い主であった上野英三郎博士の胸像とそれに向かい合うようにハチの臓器が展示されている。ハチの死後七一年ぶりに再会し、その後はずっと一緒にいたことになる。古来、「犬の一年は三日」、「犬は三日の恩を三年忘れず」など、イヌの成長の速さや永遠の忠誠心に関することわざがいい継がれている。イヌとヒトの病気を比較する際には、これらのことわざで表現されているように、生物学的時間と認知機能の相違を十分にふまえておく必要がある。ハチと上野博士の像の完成を期待しつつ、ハチの死から始まった「イヌの病気」の物語をひとまず終えることにしよう。

（なかやま・ひろゆき　獣医病理学）

Episode 3

エピソード—3

めざせ先輩犬ハチ

長谷川寿一

吾輩はキクマルである。普段はキクと呼ばれる。毛色は白あるいは生成り色、住いはハチ先輩の晩年と同じ渋谷の富ヶ谷、いまの飼い主が駒場の東大教員ということで、ハチ先輩といろいろ共通している。背はハチ先輩よりやや高いが、体重は少し軽く、大型犬の部類である点もまあ同じだ。ただ、吾輩は洋犬のスタンダード・プードル、秋田犬（アキタイヌ）ではないのが残念である。吾輩の育ての親（ブリーダー）も東大農学部獣医学科の教員だったので、この点でもハチ先輩との縁を感じる。

ハチ先輩は駒場の農学部の門まで上野先生を見送り、出迎えしたと伝えられているが、吾輩の場合は教養学部の飼い主の研究室まで一緒に行くのが日課だ。上野先生の専門は農業土木だが、吾飼い主の専門は動物行動学・動物心理学であるので、飼い主の実験に協力する実験犬としてキャンパスに出入りしているわけである。ただし、この二年は飼い主が本郷の本部勤務になってしまったので、なかなか大学に行けない。

では、研究室でイヌを使ってどんな研究をしているのか、飼い主に代わって少し紹介してみたい。飼い主によれば、イヌの認知能力や行動に関する研究は、この十数年の間に一気に盛り上がったそうだ。二〇世紀の動物心理学では、ネズミやハト、サルが主役で、実験動物を一頭ずつ実験箱や檻に入れて行う条件付けの研究が中心だった。それが最近では、より自然な場面での社会的認知能力の研究が増えてきた。イヌ研究の隆盛は社会知性の研究全般の発展と軌を一にしていると飼い主はいっている。イヌは祖先のオオカミから分かれて、過去およそ一万年間にわたって、人間とともに暮らしてきた。人間の目から見れば家畜化だ。祖先のオオカミも高度な社会生活を営んでいたのだが、イヌは人間と共生することにより社会的認知能力にさらに磨きがかかった。人間が出すさまざまな信号——たとえば指さしや指示動作といったシグナルや「待て」、「お座り」といった簡単な言葉——を吾輩たちは難なく理解するが、ほかの動物にはそれがむずかしいらしい。一部の社会的認知課題では、チンパンジーよりイヌのほうが成績がよいくらいだ。

さて飼い主の研究室では、最近、イヌのあくび伝染に注目した一連の研究を進めていて、吾輩もよくあくびをさせられる。眠いときや疲れたときに出るあくびであるが、他人のあくびを見るだけであくびがうつることもよく知られている。この現象は、なにも人間だけでなく、ヒヒやチンパンジー、そしてイヌでもあくびが伝染することがわかってきた。社会的文脈でのあくび伝染は、どうやら情動（感情）の同期と関係があるのではないかと考えられ、共感性の進化・神経基盤研究の一部を担っているらしい。研究室のテレサさんたちの実験では、あくびをするヒト（モデル）とあくびを見るイヌの関係が親しい場合に、そうでない場合よりも、あくびが伝染しやすいことがわかった。共感は親しい人間同士で生

Episode 3

じやすいことに通じる発見だ。テレサさんたちは、オキシトシンという物質がイヌの社会性にどう影響するかも研究し、「オキシトシンはイヌの〝友情〟を育む」（オキシトシン経鼻投与によってイヌの親和的社会行動が促進される）ことを発表している。そうそう、多摩動物公園のオオカミ集団の観察から、オオカミでも親しい個体間であくびがうつりやすいことも研究室での最近の発見だ。

秋田犬についての研究もある。吾輩の友だちの今野君は、博士研究で東北地方に足繁く通って、秋田犬の飼い主さんに飼い犬の性格評定をお願いした。同じ犬種でも個体ごとに性格が違うことは、飼い主ならだれでも知っている（もちろん、イヌ同士でもたがいの性格の違いはすぐわかる）。今野君はあわせて唾液サンプルから遺伝子多型の解析も行い、個体の性格とアンドロゲン受容体遺伝子（AR）多型の関連を見いだした。具体的には、雄の秋田犬においてARの短い対立遺伝子を持つ個体のほうが、長い対立遺伝子を持つ個体よりも攻撃性スコアが高いことがわかった。秋田犬の行動遺伝学的研究としては世界で初めての研究なので、海外のマスコミでも注目された。吾輩はこんど今野君に、ハチ先輩の遺伝子も調べてもらおうと思っている。

最後にハチ先輩は忠犬として有名だが、吾輩の場合、飼い主以外にもすぐ尻尾を振ってしまうお愛想犬である。修業が足りないので、ぜひ先輩を見習い、立派なイヌになりたい。

（はせがわ・としかず　動物行動学・動物心理学）

第4話

学を喰うイヌ

遠藤秀紀

命の化け物

人間はイヌを野山に捨てて野良犬と称することもあれば、高度獣医学技術に際限なく財を投じてとある個体を延命させることもある。高い意識のもとに猟犬を鍛える狩猟者もいれば、見よう見まねのみで室内犬を飼い始める普通のサラリーマンもいる。イヌを殺処分する保健所を天下の極悪人扱いするジャーナリズムが、実験用ビーグル犬の生産と安楽殺を看過するのはごく普通のことだ。資本主義の生む貧富の差は、アフリカで真水がないが故に死んでいく人間の赤ん坊よりも、ビバリーヒルズや六本木の金持ちのイヌの命に高い値を付ける。

これがクジラなら、食べるか食べないか、殺すか殺すことを許さないかの二律背反に帰着させて、両論併記ですませる場合もあるだろう。クジラの行く末をモンゴロイドの伝統的食文化に背負わせることもできれば、かの巨体を捕殺する営みをアメリカの牛肉食料戦略にもとづいて木端微塵に吹き飛ばすこともできる。単純な思想の軋轢衝突はそのくらいに扱いが容易だ。だが、イヌは違う。イヌの命の重さをつくりだす文化、思想、伝統、信条、社会、経済、民俗、嗜好、信仰等々の、幅と角度が計り知れず多様なのだ。

ことは稀代の有名犬、ハチである。

渋谷の駅前の銅像は、この一千万都市で最大に飾られてきたモニュメントである。あの雑踏の只中で現実に機能することがむずかしいにもかかわらず、世界一手垢に塗れた会場所の目印として祀られているといってよいだろう。ここまでに至る経過は、史実から綿密に演出され育てられたエピソードによって支えられている。およそ九〇年前にイヌと飼い主との間に生じたそれ自体単純過ぎるエピソードは、日本人のみならずかなりの数の外国人に対してまで、みごとなほどに〝イヌ話〟としての地位を確立することに成功しているのだ。

ハチの〝イヌ話〟は三文児童文学作家やB級映画制作者が無思慮に依存できる下敷きとなり、出版上また興行的に恥ずかしくなく成功を収めるだけの定番の筋書きに料理されて、老若男女に供給される。いまの如き平和で物に溢れ未来を熱く見据えられない世であるならば、〝イヌ話〟は時代を支えるはずのアカデミズムまでをも手玉に取り、市場原理に毒されたエセ学術も受益者負担〝文化〟も、この〝イヌ話〟にひれ伏すばかりだ。もちろん、ハチの実際の歴史はその程度にはとどまらない。大東亜戦争の時節となれば、この〝イヌ話〟は国家精神の神がかった具象にさえ登り詰めたのである。

ハチ。このイヌは、かようにとてつもない「命の化け物」である。もちろん化け物を生み出したのは、人間であり、イヌであり、人間とイヌの関係である。ここはしばし、命の化け物づくりを支えてきたイヌなるものの本質と、それを取り巻く人間と人間社会を、漠然と眺めてみたい。

野生原種に探るイヌの素因

イヌの特質を語るとき、しばしば忠実な従者というアイデンティティが取り上げられる。従者にアイデンティティがあるというのは一見自己矛盾するかのような言葉遣いだが、この動物は明らかに飼い主たるヒトに対して、「生きる動機を分かち合おう」とする素因を備えている。実際、イヌの唯一無二の特異性は、ヒトに対する従順な僕という表現型に現れているといって過言ではないだろう。

かくあるイヌの特質は、通常、その野生原種たるオオカミ（*Cania lupus*）の生物学的性質を巧みに人間が引き出した果実であると考えることができる。オオカミは群れをつくり、高度な社会を営む。ここでいう社会とは人間社会の社会という意味ではなく、動物の複数個体が集まることで生じる、個体の水準では見いだしえない「集団としての動物学的特徴」だと考えていただければ幸いである。

オオカミを知らない読者はいないであろう。だがよく動物園で飼われるひとつがいと比べて、群れる野生オオカミの行動ははるかに興味深いものだ。個体同士がとても強く結びつき、捕食行動も繁殖システムも、群れを単位に機能しているからである。

通常野生のオオカミはパックと呼ばれる数頭から二〇頭程度の群れを成す。パックの高度な社会性は多くの鳥獣の比ではない。その社会性をつくりあげているのは、第一に個体間の濃密な情報伝達である。

オオカミの捕食はつねに群れの複数個体の緊密な連絡と役割分担によって為される。たとえばトナカイを追うケースを考えよう。トナカイはシカの一種だが、追走する捕食者から逃げることに関しては、地球上でもっとも高度な進化を遂げた種のひとつだということができる。大雑把な論議だが、時速三〇キロメートル程度でよければ、三、四時間は持久的に走り続けることができる。しかも一定数の群れをつくることで、早期に天敵の接近を察知することができ、また逃走時にはターゲットを分散することができる。

捕食する肉食者から見たとき、こうしたトナカイの防衛能力は非常に厄介だ。まずきわめて短時間に、トナカイとの勝負を決しなければならない。長距離の走力ではトナカイに適わないからである。加えて、その至近距離かつ短時間での捕食攻撃さえも、トナカイの群生が妨害することになる。

しかし、オオカミは、高度な個体間の連携・連絡によって、トナカイを仕留める確率を上げている。たとえばパックから一〇頭が捕食に参加したとして、七頭が普通にトナカイに忍び寄り、おそらくはどこかの段階で危険を察知するであろうトナカイをそのまま後方から追尾する。これだけであれば、ほとんどの例で、トナカイは無敵の長距離逃走のフェーズに入り、逃げ切ることができるにちがいない。しかし、オオカミは必ずパックの残りの三頭を、予想されるトナカイの逃亡ルート上に、待ち伏せ要員あるいは側面攻撃隊として配置するのである。トナカイの逃走を予知し、その道を他個体との連絡によってふさぐという作戦は、ヒト以外の哺乳類のほとんどでは企図・実現しえない文脈を持ち、高度な頭脳によってのみ支えられる。そして、オオカミが持ち合わせるこの課題処理の能力は、ほかの哺乳類ではまず不可能な、同種他個体とのコミュニケーション力によって成り立っているのである。

オオカミのコミュニケーション

コミュニケーションの実態は、ボディランゲージと音声だろう。ボディランゲージと称するのは、近隣個体間での動作による連絡だが、オオカミの場合、ほかの動物と比べて明らかに豊かな伝達内容を含んでいる。

頭、耳介、尾などを豊かな表現の道具として用い、姿勢や身振りで意思伝達を達成する。身体全体を高く見せ、堂々と振る舞うのは、リーダーシップの表現である。脇腹を見せる、歯を見せるなどは、緊張緩和を意図した服従の表明であろう。相手を舐める、鼻を鳴らすなども細やかなコミュニケーションの現れである。

オオカミでは明らかに表情も伝達の意味を持っている。至近距離でしか成立しないコミュニケーションであるが、口の動き、目の運動、表層の筋肉による表情づくりが、個体間での〝気持ち〟の伝達に使われる。〝気持ち〟としたが、あくまでも動物であるので、人間の心を鋳型に擬人化することには慎重でなければならない。オオカミの場合、喜怒哀楽の存在と表現はある程度まで見て取れるが、動物の心云々を語るのは、多くの場合厳密な科学性を棚上げにして議論せねばらないことが多く、本論が意図する内容ではない。

さて、オオカミでは実際に身体の一部を接触させることにより相手に物事を伝えることが普通に行われている。接触によって、相手を自信をもって導くのか、緊張感をもって対峙するのか、明確な服従を示すのか、無視するのか、など、多岐にわたる意思疎通が可能だ。目の前の個体に対する交信内容の豊かさや複雑さは、動物全体から見るとオオカミの能力は隔絶的に優れているといえる。

もうひとつ、非常によく観察され、研究が進んでいるのは音声コミュニケーションである。オオカミの声についてはさまざまな研究が蓄積され、いろいろな意味合いをもつ吠え声が観察されている。個体間の声によるコミュニケーションを通じて、群れが完成された社会システムとして機能しているのである。なかでももっとも重要なものが、狩りの始動や制御、警戒の指示だろう。狩りのコントロールは声による明確な指示が与えられている。後述するが、オオカミの狩りは組織的で、また個体間の上下関係によって命令と呼応の関係ができあがっている。

声といってももちろん、オオカミに言語があるわけではない。実際に音声で伝えられる内容には一定の限界があろう。いいかえれば、オオカミの音声コミュニケーションは、赤の他人同士が万能の言語で語り合っているのではなく、すでに群れをつくる必然性のある隣接した個体同士が一定の行動策をもっていて、それを音声が細かく調整しているといえるのである。少なくともオオカミの音声コミュニケーションが威力を発揮するのは、社会的関係性のある周辺他者との間においてである。

このように、周囲から詳しく情報を集め、それをもとに新たに修飾された情報を知り合いに配布し、多岐にわたる行動を集団で開発する、というのが、オオカミゆえの特色ある能力である。一定によく知った自分のまわりの者と、精密な情報処理と伝達を行って、集団として生きる術を培ってきたのが、オオカミの特徴だといえる。

オオカミの社会性の基礎は、順位にある。オオカミの群れは雌雄ともに順位をつくり、繁殖の優劣を確立している。順位の高い雌が子を産み、それを群れのおとなが共同で育てる。敵を見張りながら生まれた子を守り、離乳時には獲物の分配までも、群れの構成員たちは共同で行う。個体の生き残りをかけた闘争こそダーウィン流の進化の道筋だと教わってきた読者は、血縁集団を単位とした社会生態が進化することをオオカミで確認してほしい。

多かれ少なかれ血縁関係にある個体では、たとえ自分自身の子でなくても血縁の子を育てることは、自分と同じ遺伝子の生残に寄与する。一部の動物が明確に利他的な行動をとることに対して、生態学が見つけ出した理論は、オオカミで見られるこの血縁淘汰の事実で説明される。オオカミは教科書的な例であるが、動物好きな読者は、同様にライオンの群れを思い浮かべたかもしれない。ライオンもオオカミに似て、姉妹にあたる雌同士が子育てを共同で行う。進化論開闢期には、利己主義なはずの個体がなぜそういう行動をとるかが謎とされた時代がある。もちろんいまではライオンもオオカミも、十分に合理的だと理解できる。血縁にある個体同士がその子の生存を助けるというのは、自分と類似度の高い遺伝子を後世に残すことを実現する表現型であり、生き方なのだ。

オオカミがいかに近隣他者との間を緻密に構築する動物種であるかが見えてきたかと思う。対周囲の情報を高精度に扱いうることが、オオカミにおいてとりわけ傑出した生態学的特色だといえるだろう。オオカミの場合、群れ内の仲間同士の情報伝達が、その優れた能力を発揮する最大の場面となる。だが、意外にもオオカミが力を注ぐのは、ほかの群れとの微妙なニュアンスを含む通信でもある。

オオカミといえば俗にも漫画的にも語られるのが、遠吠えである。遠吠えは、じつは多くの場合、群れの外との遠距離の交信として解釈できる。殺傷能力の高い肉食獣は、往々にして行動圏またはなわばりをもって暮らし、領域内での餌資源の独占を図り、また繁殖相手を確保しようとする。つまりは、餌と配偶者のために領域を独り占めし、同種にすら致死的な攻撃を加えていくものなのである。幸運にも餌資源が十分であればなにも問題はないのだが、オオカミのような大型獣では、しばしば行動圏内の被捕食者を食べ尽くす事態も起こりうる。それゆえ、行動圏あるいはなわばりの辺縁部では、しばしばほかの行動圏やなわばりをもった同種との緊張関係が高まる。

万一領域の重なり合う辺縁部で、とくに緊張関係にある二群が交錯した場合、かりにそれが偶発的な出会いであっても、相手を積極的に攻撃して殺すというケースが生じうる。実際、カナダ、アメリカの森林を調査する生態学者は、ときどきオオカミによって殺されたオオカミの死体を目にするものである。もちろんオオカミの保護や生態研究にとって、圧倒的に大きな問題は人間とその集落がオオカミに対して軋轢を起こすことだが、移動能力が高く攻撃性の強いオオカミが生来の行動学的特徴としてもつ同種間の攻撃に関しても、負けたオオカミにとっては致死的であり、勝者であったとしても大きなダメージを負うことがめずらしくない。

ここで機能するのが遠吠えだ。遠吠えは相手に自分の存在を知らせ、むだな闘いを避ける方途を見出す。もちろんこれ自体が自然淘汰の帰結であるから、遠吠えによってむだな争いを避けてきたのは進化史的な解決である。

興味深いのは、遠吠えは双方向かという疑問だ。偶発的殺し合いを避けるシグナルだといっても、相手に自分から自分の位置を知らせるのは大いに危険だ。もし〝敵〟がそもそも積極的に殺してでも領域を広げようというオオカミなら、自分で自分が不利になる情報を相手に提示していることにさえなる。

実際、オオカミが遠くからの吠え声に呼応して、自分から返事をするかどうかは、ケース全体からすれば限られたケースのようだ。情報を出すべきか出さざるべきか、ジレンマのなかにつねにオオカミはいるのだろう。そもそも餌が豊富な恵まれた行動圏をもった集団なら、争うことで得るものはなく、堂々と遠吠えで応じて自分の存在を知らせ、闘争を回避しようとするだろう。だが、資源が枯渇気味の空間にいるなら、自分の存在を競争相手に知らせないことに一定の意味が生じる。場合によっては、積極的に他者の領域を奪うために闘争に挑む手段もあろう。こうなれば自分の位置をほかの群れに知らせる意味はなくなってくる。

また、オオカミは尿や外分泌腺によるマーキングを頻繁に行う。行動圏の辺縁を歩くオオカミは、数分に一回、尿を撒いて自分の存在を知らせるという観察結果がある。つまりオオカミが遠距離で行うコミュニケーションは、手法も内容もとても精細なのである。遠吠えとマーキングを操り、そしてつねにジレンマに置かれるオオカミは、いわば外部からの情報をやりくりし、策と戦術を駆使してこそ生き残ってきた、動物界きっての〝情報戦の手練れ〟なのである。そして、その果てに見えるものこそが、イヌの正体だ。

家畜化されるオオカミ、そしてイヌへ

そもそも世の中には人間がつくりだし、人間がともに歩もうとする動物の集団が存在する。「家畜」だ。それは集団の種類数で比較すると、野生動物に比べればひと握りにすぎない。だが、人間社会にとって、命と心をやりとりしている最大の〝隣人〟である。

オオカミからイヌへの系統的な起原の探索は少し前にちょっとしたブームの様相を呈した。実際、考古学の出土証拠も分子遺伝学のゲノム解析も、相当な力量を投じ、精度をもって行われてきた。しかし、まだ混迷ともいえる段階で、研究結果は今後も引き続き書き換えられていくであろう。

これまでの概略をいうならば、家畜化の開始は大雑把に一万五〇〇〇年くらい前。場所は現在の中国南部、ロシア西部からヨーロッパ、モンゴル、あるいは中東あたりが、それを証拠立てられる地域とされている。考古学からは一部に三万年以上前の古い数字が出てくる研究もあるが、すべての面で確立された説とはいいがたい。一万数千年という時間で、なんらかの方法で手なずけられたオオカミが、どこかの段階で完全に人間に依存するイヌ

になったと見なすのが、現在の至当な結論だ。

他方、興味深い論議が湧くのは、世界のどこでどのように家畜化されていったかというその中身である。かつては単起原的に、歴史上地理上たった一度、オオカミがイヌにされる家畜化が生じ、それがもとになって世界中のイヌの品種・系統が扇のように広がったというイメージが強かった。現在でもその主張は続いている。だが旧来いわれたように単一の起原しか存在しないと見なすものばかりではなく、多起原的に各地で家畜化が進んだと推測する議論も少なくない。

その筋書きに沿うとき、イヌの創生は、人間側に立って物事を見ると、とても面白い経緯を示唆してくれる。時代は文明創始よりも万年単位で古い時代のことなので、知恵や技能の伝搬がどうなされたかは謎に満ちている。しかし、少なくとも一万年以上前の人間にとって、イヌなる家畜が相当に有用で、それをもとうという動機付けを広範囲に行きわたらせることのできる、魅力ある動物だったことはまちがいないのだ。

いかなる家畜も野生原種集団からつくりだされる。畜産学の教科書の最初の頁に書かれていることだが、家畜とは「繁殖を人為的にコントロールされた動物集団」と定義されている。家畜というすでに確立されている言葉を、畜産学の体系が示す意味で使うことが世間的に収まりがよいかどうかは、別に論議する必要があろう。実際、家畜とはそんなものではないという、言葉の定義をめぐる論争はたびたび生じる。しかし、繁殖コントロールという境界線を重要視することは、少なくともオオカミ対イヌの議論ではなかなかに意義深い。

というのも、獰猛で巨大なオオカミをヒトと人間社会の忠実な僕に結びつける要素が、オオカミの野生状態に明瞭に観察されるからである。その鍵は、情報交換能力である。手に負えない巨体の猛獣でありながら、周囲との高精度の情報コミュニケーションに長けたオオカミは、初期はむずかしいとしても、その高度な情報交換能力を介して人間との関係づけに成功しさえすれば、繁殖コントロールによって僕たる家畜を生み出す最適の材料だと考えることができるのである。人間との関係づけを成立、発展、深化させる潜在能力をもったオオカミは、忠実な従者をつくる野生原種集団として、このうえなく適合する存在だったにちがいない。忠実なる僕というイヌの唯一無二の特性は、まさに情報戦の能ある主、オオカミのキャラクターを、最大限都合よく人間が引き出した結果といえるだろう。

実際のところ、家畜を論じるとき、ほかの動物種となるとこの関係は説明しづらい。たとえばウシなら、原牛と呼ばれる野生のウシがユーラシア大陸に自然分布していた。原牛はすでに絶滅していてその特徴はあまりよく分からない。しかし、大型でおそらく粗暴だったであろうこの原牛と、ミルクをたくさん供給し、トラクター登場以前には畜力として貢献し、最後には食肉に化けるという現在のウシを、生物学的キャラクターで結びつけるのはけっして容易ではない。もう一例あげるなら、ニワトリだろうか。ニワトリにはセキショクヤケイ（赤色野鶏）なる原種が現在もアジアに分布するが、この原種は、繁殖力に乏しい小振りのキジ科の一種でしかない。これが多量に卵を産み、肉をもたらす家禽ニワトリとして、人間の繁殖コントロールによって成立するというのは、すぐに納得することのできない道筋なのである。

しかし、イヌとオオカミは、人間を介して明白に結びつく。オオカミはこの世界の〝プロ〟として、対周囲の情報を集めようとする。自分の生き残りに貢献する相手を見極めて、声の通じない相手であっても接触と警戒を怠らなかったはずだ。他方、当時のヒトは、たとえば狩猟を補助する、なによりも忠実で一定に攻撃力を備えた従者の出現を待ち望んだことだろう。人間の知恵は、オオカミの比ではない。餌を用意し、快適な生活条件を準備し、他方で順位の上の存在として命令と保護をもたらす威厳ある賢者となって、オオカミの群れの前に立つだけの知能を備えている。野生原種の進化の長い歴史からすればほんの最後の一瞬でしかないことになるが、オオカミはヒトと出会い、ヒトとの不即不離の暮らしを始めたにちがいない。両者は、「生きる動機を分かち合おう」とする関係で結びついたのである。

いうまでもなく、畜産学の教科書のように典型的な繁殖コントロールを成し遂げるには大きな困難を要したはずだ。しかし、言葉の定義のラインを越えようが越えまいが、オオカミとヒトの出会いのあるところに、イヌの誕生への道が開かれることは必然である。対外情報の類まれな操り手であるオオカミは、その瞬間から、これまた稀有なほどの忠実な僕を生み出す運命にあったといえよう。

〝イヌ話〟の深層

かくあるイヌは、当然のように、人間を見て生きる。それは社会を見て生きる動物の代表の座を占める。

かかった時間は一万五〇〇〇年だろうか。イヌを得た人間が、いずれ文字を生み、文明創始を経験し、物語を生み、いかなる獣とも異次元の対外関係の担い手として君臨していく。そんな人間が、最近の数千年数百年の間に、最良のイエスマンたる愛すべき伴侶を、擬人化と想像と比喩と夢想と虚構の入り混じったストーリーの宇宙に据えるのに、なにも障害はなかったはずだ。たとえば全体主義に向かっているとある時代の極東の島国が、忠犬なる二字熟語に近づいていくことは至極当然だ。単純な必定という歴史である。ヒトとイヌ、両者の生身の生き物としての付き合いに比べれば、忠犬に酔いしれる国や社会ができあがるのは、人類誌の一段落にも満たない些末な瞬間だといえよう。

忠実な従者というイヌ存在の本質自体が、忠犬という二字熟語を生み出す必然といえる。一歩手前に立てば、忠義と表現するかどうかは、イヌを見る人間社会の伝統や歴史や思想や情勢や嗜好に依るが、同じ文脈のイヌと人間の物語、すなわち〝イヌ話〟は、世界各国に成立するのを見ることができる。

分かりやすいのは、しばしば商業化に成功する西欧社会の〝イヌ話〟である。『名犬ラッシー』しかり、『一〇一匹ワンちゃん』しかり、『わんわん物語』しかりである。小説、映画、児童文学、挿話、漫画、随筆、絵本……。あらゆる表現出版ジャンルにこの動物は主役脇役かかわらずに闊歩し、いまこの瞬間にも〝新作〟が筆を執られている。もちろん人間をまじめに描こうという創作よりも、イヌの登場する光景で文字や尺を埋める作品のほうが、桁違いに安易に生み出すことができる。それは、イヌが描写対象ならば受け手の満足のハードルが低いからともいえるし、小銭を稼ぐ程度の興行なら登場するのはイヌで十分という経済原理の帰結でもある。定量的に比べたわけでもないが、イヌの活躍話がどちらかというと西欧に多いと感じられるのも、合理主義とイヌとの嚙み合いやすい関係があるからだろう。

西洋キリスト教社会は、往々にして「金より大事なもの」があるという自明の真理を、物語に託すのが好きだ。おそらくは東洋人よりも価値観が単純な面があるからかもしれないが、本質は根深い。おそらくは、一神教の、われわれから見れば白黒はっきりしすぎる勝ち負けや生き残りの闘争史には、潤いとしての「金より大事なもの」が、老若男女を問わずにもてはやされるにちがいないというのが、私の勘繰りである。

上記は、洋画の、いわゆる古典的名画を並べて見ると明々白々である。『ローマの休日』、『ベン・ハー』、『風と共に去りぬ』、『キング・コング』、『アラビアのロレンス』、『駅馬車』、『スーパーマン』……。いずれも金より大事なものがあると説教してくる。根底にそれ以外に見るべき主題を内在させにくいのが、単純を旨とする洋画の姿だ。すべてが、監督か演出の一押しでイヌと〝イヌ話〟を舞台に上げる一歩手前の進行形に到達している。「金より大事なもの」を演出するために、欧米人が喰いつくのが〝イヌ話〟もしくは〝イヌ話前駆体〟

なのである。

不公平にならないように語るに、網羅的に抽出すれば、〝イヌ話〟のない国も地域も存在しないといえるだろう。多神教国にも、〝イヌ話〟はつくられてきた。タイでは、王様に大切にされる名犬の話が、国民の皇族愛と相まっていまも語られ続ける。ほかの例は、中国にもインドにもある。わが国でも、古典からイヌは登場し続けた。太平の世が続けば、綱吉生類憐みの令、すなわち狂気的に極端な動物愛護〝お犬様〟をも、世界に先駆けるかのように生み出した。

さて、読者には、わが国のハチの位置づけが見えてきたのではなかろうか。イヌはその時代その時代の大衆の心をつかむ、扱うにこれほど容易なもののない、便利なプレイヤーである。オオカミ譲りの情報マネージメント力を評価され、家畜化以来の万年単位の人間との歴史的関係を尊重され、僕としての存在を固い絆として受け入れられる、イヌ。ヒトも社会もこの動物を心底愛し、大切にする。ポピュリズムの一翼を担う最適の条件を、この動物は揃えているのである。

西欧の単純な価値観は、イヌにいとも簡単に手玉に取られてきたと見える。〝イヌ話〟は、スクリーンに活字に毎年のようにヒット作を生む。アメリカ人もイギリス人も東洋人の数倍の数のイヌを飼い、日本よりずっと早期にずっと大々的にこのパートナーを、家庭に社会に国に受け入れてきた。〝イヌ話〟が、精神世界により複雑でより成熟した方向性をもっているであろう東洋でも、普遍的に成立しやすいことは理解されよう。ハチなるイヌの舞台は近代日本でも着々と整い、とりわけこのイヌに関しては国家主義・全体主義の雲行きがその〝成功〟を準備していたといえる。

斎藤弘吉の思念

ハチは死ぬ前から、日本中に知られるイヌだった。そして国家なるものを教唆する、生ける忠義の形と化した。ここで道を開いたのは、斎藤弘吉という人物である。

斎藤はいわゆる在野のイヌ研究家であった。無類のイヌ好きの彼は、動物学のアマチュアゆえに帝大の学閥に軽視されたという述懐を残している。石川千代松帝大動物学教授がいかにイヌを知らないかという悔しさに満ちた批判が、文章に残されている。いつの時代にも動物をよく〝知る〟人間は、その分野の大学教授ではないことが普通だ。ここでいうイヌを知るということは、イヌと暮らすことから始める日常生活の形であって、学理を築き上げることではない。東大の動物学などは、百何十年、一貫してイヌもネコも知らない人間だけが受けもっている。この二〇一五年にも東京大学の動物学の教授を捕まえたら、イヌを知る人間などひとりもいない。純粋動物学と異なる分野でも、たとえば高度獣医医療が農学部に設えられても、それはイヌを知るということを目指してはいない。もしイヌを知ろうというアカデミズムが立ち上がるなら、それはリベラル・アーツの勇士によって打ち立てられるはずである。理学部だ動物学だ高度医療だなどと日本人が自称するよくあるディシプリン（学問体系）には、今後もイヌを知るなどという仕事は、影も形も登場することはないだろう。

自分の〝イヌ学〟がアカデミズムに相手にされていないことを知って、斎藤は憤懣遣る方なかったようだ。しかし、もちろん次第次第に、彼はイヌをもっともよく知る研究家として世間に受け入れられていく。イヌといえば斎藤さんに助言を仰ごうという時代が訪れるのに、あまり時間はかからなかった。

斎藤は明治三二（一八九九）年に生まれ、造園を仕事にした人物である。暮らしぶりに余裕があったと見て取れるが、活躍は庭園づくりにとどまらず、芸術に精通し、古い陶芸作品を好んで研究していたようだ。著作や活動を見ると、造園にしろ美術にしろ、彼の精神世界の高揚は、日本や東洋の美への執心から発していたと推測することができる。

日本人で動物の骨を学ぼうとする学生は、最初期に斎藤の『犬科動物骨格計測法』という私家版の書と接するものである。印刷を請け負った国際文献印刷社の職員に尋ねても、昔のことで誰もなにも覚えていないという。だが、西欧の複数の形態学書をもとに書かれたこの本は、実際に骨を計測するときの参考書としていまも意義をもつ。なにより癌に侵され死の床にあった斎藤が、本書をなにがなんでも後世に残すべく出版に専心したことが、まえがきの最後の段落に記され、手に取る者は心動かされると思う。動物文学作家の戸川幸夫が、死を恐れず手術を拒否してまで著作の刊行に邁進した彼の姿を、『日本の犬と狼』の末尾に描き残している。いずれにしても、頑なな信念の人だったことはまちがいない。思想的にいえば、斎藤はいわゆる保守、愛国、国家主義の人である。正確には、思想の主張を職業にした人間ではない。しかし、造園と美術の領域においては、理想とする日本精神の在り方を強く唱えた人物である。彼はその精神基盤に自ら浸りながら、「日本犬保存会」を立ち上げる。西洋品種のイヌがしだいに普及するなかで、日本の風土の担い手として日本のイヌを守らねばならないという使命感が、この事業に彼を誘ったのであろう。ちなみに日本犬保存会を運営した執行部には、獣医学の板垣四郎東京帝国大学教授が名を連ねている。

いつしか斎藤の頭には、日本犬は「耳の立った尾の巻いた昔の絵巻物に描かれているような犬」でなくてはならないと思い描くに至る。そして、日本犬の姿の理想を胸中に組み立てた斎藤が、代々木富ヶ谷で見かけたのがハチであった。街中で偶然に見つけ出し、当時ハチが飼われていた植木職人の小林菊三郎宅に行き着いてしまったとのことだ。ときに昭和三（一九二八）年。小林は、エピソードの一方の主人公である上野英三郎博士の家に出入りしていた植木職人である。上野博士の死去が大正一四（一九二五）年であるから、渋谷駅前をうろうろし、小林宅に帰るというハチの暮らしと、斎藤はこのときに接点をもったのである。

すでに渋谷駅頭では多くの通行人に見知られていたハチを小林とともに見守っていた斎藤は、朝日新聞にこのイヌと上野教授の経緯を投稿、ハチを世に送り出した。全国に知らしめることとなる有名な記事「いとしや老犬物語、今は世になき主人の帰りを待ち兼ねる七年間」が、こうしてできあがった。

以降、ハチがいまでいうブームに相当する勢いで知名度を獲得したこと、日本中から見物人が殺到したこと、彫塑家の安藤照が斎藤にハチの像をつくらせてほしいと願い出てきたこと、板垣四郎が支援を呼びかけ児童からの寄付で渋谷駅前に初代銅像づくりが企図されたこと、銅像建設会の寄付会計には壱千八百六十四円弐拾三銭也という総収入が記録されたこと、できた像は生前のハチと並んで観衆の大混雑の中で除幕されたこと、だれが呼んだか「公」なる称号を付することが一般化したこと、漫談、映画、楽曲、舞踊の題材に取り入れられたこと、ハチをネタに詐欺まがいの出資話が飛び交ったこと、ついには比類なき〝イヌ話〟として定着・浸透していったこと……。数知れぬ出来事は、既存の書物が伝えているであろうから、あえてここでは取り上げない。ただこのあたりの斎藤のほんとうの活動ぶりを、彼自身はその後あまり書き残していないようにも思われる。

世間の熱狂と時を同じくして、斎藤が広めたハチの話は、国定教科書「修身」の忠義の題材に取り上げられた。ハチの〝イヌ話〟は、イヌの行動を忠義になぞらえて、時代を背景にした明らかな国家主義教育の一頁に化けていくこととなったのである。

この経緯は、当時の加藤文部省図書監修官の話として、人物であるべき教授素材がイヌであるということには論議が生じたという経緯が記されている。この時代の修身といえども、教科書内容の論議にはそれなりに冷静で落ちついた側面が残されていたのかもしれないというエピソードである。だが、関与が大きかったはずの斎藤自身は、戦後も含めてこの過程をあまり語り残していない。

推察であるが、敗戦時に占領軍によって徹底的に批判糾弾される戦時軍国思想に与していたことを、少なくとも戦後のある時期、斎藤自身は語りにくかったにちがいない。もちろんある意味で斎藤の思惑通りにこのイヌの評判が広まったことはまちがいないが、修身教育の内容と実在のイヌとの間につくられた関係を、彼はけっして肯定的には語っていない。むしろ戦後しばらく経ってから書かれたものでは、孝行という概念でイヌに功利心があるかのように扱われるのはイヌの動物としての属性から考えて正しくないと記し、修身と〝イヌ話〟の接着史には、斎藤自身が一定の距離をとっているように見える。

真実としては、斎藤の発意なくしては、このイヌが有名になることもなければ、物語として独り立ちすることもなく、たかが一頭の野良犬と戦前の国家的精神主義とが巧みに結びつけられるに至ったとは思われない。だが、ハチの死以降の斎藤自身の活動があまり彼自身の手で記されていないのは、敗戦後の急速な価値体系の崩壊、瞬時に成立した善悪の逆転、ＧＨＱによる敗戦国処理と自由化・民主化、その一連の波に、彼自身が恐れを感じ、多くを語らなくなったためではないかと、私は推察している。

ともあれ、斎藤の脳内には、ハチはその物語とともに日本精神を具象化したイヌとして永遠に残すべきものと位置付けられていたと想像される。昭和一〇（一九三五）年三月八日、ハチの死が知らされると斎藤は一連の行動を取っている。彼の著述を見るとときに傍観者のような書き方がされているが、斎藤なりの遠慮が含まれているようにも受け取られる。そもそも、銅像といい死体の扱いといい、斎藤をおいて活動を指導できる人物は存在しない。

ハチの死体は東京帝国大学農学部に運ばれ、江本修教授、山本修太郎助手の手による病理解剖に供された。結果、山本修太郎博士の手による精緻な剖検記録とともに、内臓の一部が現在も東京大学獣医病理学教室に残された。

剥製はよく知られた国立科学博物館の収蔵物であり、現在も日本館常設展示で見ることができる。作品は、当時博物館に在籍した剥製師坂本喜一とその助手の本田晋の渾身の傑作とされる。しかし、本田は長く健在であったので、剥製制作の多くの部分を自分が作業したものだと語り継いでいた。つまりハチに関わった真の剥製師は坂本ではなく、本田である。

ただし、剥製づくりの技量が本田のものであり、権威づけも含めた形式的指揮者が坂本であったとしても、ここにおいての指導者は、斎藤個人である。斎藤の心に強く形づくられた日本精神を具現化した真の日本犬を、ハチの剥製として形にして博物館に残そうとしたのは、斎藤個人の志である。

しばしば、ハチの生前の写真より国立科学博物館の標本のほうがはるかに立派だと指摘されることがある。当然である。剝製は動物の生前の姿を科学的客観的に伝えるためだけにつくられるわけではない。剝製はつくり手の表現である。実物よりも凛々しい形につくりあげ、日本犬はかくあるべきという斎藤の世界観が、格好よさにおいてはどれにも負けない剝製を演出し、死後のハチを形として生み出したのである。

ところで、先述の初代銅像の末路は、悲しむべきものだ。敗色濃厚な太平洋戦争末期のいわゆる金属類回収令・金属供出運動の下に、初代銅像は渋谷駅から取り外され、溶鉱炉で融かされた。昭和一九（一九四四）年一〇月一二日に駅頭から撤去される際には、日の丸の襷をかけられての報国の儀式が執り行われた。「〝ハチ公〟誉れの出陣」なる翌日の毎日新聞の記事が、戦中の巷の精神性をよく伝えている。初代銅像は消滅まで身をもってして、軍国日本の精神世界の物象であり続けたのである。

斎藤は、溶鉱炉で融かされる計画は事前に知って阻止すべく動いたが、その後本当に融かされてしまったことは戦後まで知らなかったと述べている。日本精神と日本犬は彼にとって大事であるが、一貫して皇国軍国とイヌを強引に近づけたつもりはないというのが、言葉の内外に彼自身が示唆する主張である。斎藤の真なるイヌ好きが戦争とイヌの関係を単純に嫌うだけかもしれないが、いずれにせよ大戦とハチは別物というのが彼なりの一種の弁解であろう。大々的に報道されたはずの誉れの出陣騒ぎが、斎藤の耳に本当に入らなかったのかどうかは、いまでは誰にもわからない。

二〇一一年、東京大学総合研究博物館の特別展示「生きる形」を企図した私は、農学部獣医病理学教室の中山裕之教授のご理解を得て、東大収蔵の臓器を展示に使わせていただいた。ちょうどそのころ、中山教授らはハチの組織から悪性腫瘍を確認し、多くの人々に注目された。また二〇〇三年になるが、当時国立科学博物館の研究官であった私は、ハチの剝製を渋谷区の行事のなかで、渋谷公会堂に展示した。

古い標本を展示会で多くの人々に見ていただく際の、私の意識のひとつには、日本の大学や博物館が一般に標本の保存に熱心ではなく、多くの資料を滅失させてきたことへの反省の気持ちがある。一貫して日本はアカデミズムにおいて、物を保存することの意識が希薄だ。博物館といえば、まずもって展示会場か広報室と同義で、それを統制する組織や人間の自己ＰＲの場としてしかとらえられていない。来館者数で博物館を改廃したり、予算を展示にしか付けず収蔵庫が朽ち果てる一方なのは、いまの時代だけのことではない。東京大学のハチの臓器といえども途中の歴史においては明らかに軽んじられた時代がある。現在に至るまで臓器が残されたのは、多分に偶然の幸運によるものだと私は感じ取っている。だからこそ標本は確実に未来に送り、未来の人と社会の知の源泉として、継承せねばならないのである。ハチを含め、知の遺産をまったく大切にしようとしない日本の学術、文化、社会の悪癖については、拙著『パンダの死体はよみがえる』、『解剖男』、『東大夢教授』、『人体　失敗の進化史』、『遺体科学の挑戦』などに詳述したので、ご覧いただきたい。

二〇一五年の大学ポピュリズム

さて、渋谷駅頭の二代目銅像は、戦後日本社会の変わり身の速さの典型ともいえる。合衆国の日本占領統治と民主化、軍事力と全体主義の解体は、皇国教育の廃止を当然の施策とした。生ける忠義たるハチは、教科書でいえば、廃棄、墨塗りに消えるべき世を迎えたといえる。

ところが、二代目ハチ公像は、昭和二三（一九四八）年に西側資本主義を絵に描いたような商業地の只中に再登場する。斎藤の呼びかけで商店組合などから集められた寄付による制作である。造形は空襲で亡くなった安藤照に代わり、今度は同氏の子息が手がけることとなった。

渋谷駅頭の二度目の除幕式に列席したのは、前回は影も形もなかったGHQの法律顧問、東京裁判検事の家族、米国のジャーナリストらである。彼らは、イヌと人間の間には国を越えて愛される物語があろうという話と、融かされた先代を教訓にもう日本は二度と戦争を起こさぬようにとの言葉を述べた。近代戦の戦後処理も、主人公がイヌとなれば、変わり身すばやく落ち着けるというのが真実であろう。人間演じる軍神とは一線を画されて、一朝一夕に許しを得ることができるのは、これもまたオオカミの血を引くイヌゆえである。イヌと人間との関係は社会の有り様次第でいくらでも柔軟に変化させることができ、人間は従者たるイヌとの間柄を臨機応変に創作していくものだという典型例である。生ける軍国の魂から、西側市場経済の軟らかなシンボルへ。皇国から米国の五一番目の州たる西側陣営の追随国家へ。このイヌの位置付けの人為による変貌は、そしてハチの戦後〝イヌ話〟へのキャスティングは、そのまま日本の変身でもあった。

二〇一五年の三月八日に、東京大学農学部でハチと上野教授の像が除幕される。武田信玄が死してなお三年織田信長を謀ったとするならば、とある秋田犬は死して八〇年、社会を人を、そして時の知性と論理の核心たる大学をも御しているのである。

おそらくこの除幕は、二〇一五年のとある空気に包まれて、学界のオピニオンリーダー格が演説することで、粛々と進んでいくにちがいない。渋谷駅前の初代像のオープニングに国家主義が密やかに迫っていたように、昭和一九（一九四四）年、金属供出運動によって撤去される様を報国の陶酔が取り巻いたように、そしてＧＨＱの高官に被占領国として見下ろされたように。

二一世紀なりのハチ公像除幕のアイデンティティはといえば、日に日に学術自治や学問の自由を民間的経営や市場原理に置換して、いつのまにか経営主導、合理主義、拝金無思慮に染められていく大学の人と組織が、いとも簡単に広告代理店的表現なき情報吐出に溺れる姿が、この日を機に今回の像の背景に増殖していくはずである。いまや学術は哲学なき金儲けの場と堕し、法人大学はどこにでもあるＢ級民間企業でしかない。

いま一個体のイヌの像とその〝イヌ話〟に踊るのは、東京大学である。この秋田犬の一時の飼い主が所属したという経緯を、ポピュリズムに無批判に寄りかかりながらなにがしかの話題づくりに用いるのが、二一世紀の大学の、隠し通すことのできない哀しき〝実力〟である。〝イヌ話〟の後日談としてしか機能しないのがいまの東京大学であり、そこに埋もれる以外に脳のないのが教授たちだ。大学など、小さい。禄を断たれ、理念を刻まれ、ガダルカナルやインパールの将兵のように捨て石にされたとき、知をもって人々に幸せを提起することよりも、第四の権力として温和な社会創りに貢献するよりも、学術自治の真の力を誇りに抱き続けるよりも、一頭の秋田犬に跪く道を選ぶのである。東京大学は、「命の化け物」に喰われるのである。

イヌに踊らされるアカデミズム……。ヒトがオオカミと出会って以降、人間がこれほどの退歩を経験したことはなかったといえるかもしれない。

大学も学者もこのイヌとこの〝イヌ話〟を消費して、一時を経過しようとする。もはや東京大学など、市場原理の一パーツ、〝イヌ話〟のバイプレイヤーでしかないのだろう。そこに露呈されるものは、苦悩なき〝表現〟、力なき〝言葉〟、理念なき〝経営〟、執着なき〝演出〟、知なき〝宣伝〟、哲学なき〝主張〟……。哀しくも東大二〇一五年のハチ公騒ぎには、これらが押し並べて当てはまる。

だが、それでもまだ、大学は大学でなければならない。否、大学を目指さなければならない。二〇一五年の〝イヌ話〟を知をもって克服しえたとき、大学は再び個人と社会に幸福をもたらす存在を勝ち取ることができる。そう信じつつ、日々を生きるのが大学人のいまの姿だ。

（えんどう・ひでき　遺体科学）

エピソード—4

映画『ハチ公物語』、『南極物語』に見る日本人のイヌ観

溝口 元

『ハチ公物語』から

〝忠犬ハチ公〟がフルネームの観さえある秋田犬「ハチ」（一九二三〜一九三五）の上京から死去までの生きざまを主題的に映画化したのが一九八七年に公開された『ハチ公物語』（配給：松竹）であった。この映画のパンフレットには、原作者で脚本を担当した新藤兼人がハチが主の死後も駅に足を運んだのは「忠実な下僕としてではない。ハチは、自分を一個の生きものとして認めてくれた先生への感謝としてであった」としている。

もっともハチが映画に登場するのはこれが初めてではない。一九三四年、ハチが存命中に上映された映画『あるぷす大将』（原作：吉川英治、監督：山本嘉次郎、P・C・L映画製作所、配給：東和商事映画部）のなかで、ハチの忠犬ぶりに感心した主人公が本物のハチに焼き鳥を与える場面がある。『ハチ公物語』は忠犬から脱し、ヒトとイヌとの関係を念頭に新たなハチ像を提示した作品と感じられるのである。

ここでは、『ハチ公物語』を念頭に置きつつ、ハチについて三つの角度から考えてみたい。ひとつめは明治期以降激減といってよい状態であった日本犬の保存という運動、二つめは、ハチの行動に対する社会的啓発や使役犬の多様化、とくに軍（用）犬賛美との関係、三つめは日本人とイヌとの関係の観点、である。ハチの衰えることを知らない根強い人気

の秘密、イヌに対する日本人の心性、感性などを探るひとつのアプローチといってもよいかもしれない。比較としてこれまた人気を博した映画『南極物語』に登場するタロ、ジロを取り上げた。

まず、日本犬の保存運動という観点である。ハチが社会的に知られるようになった端緒は、一九三二年一〇月四日付「東京朝日新聞」に掲載された「いとしや老犬物語　今は世になき主人の帰りを待ち兼ねる七年間」と題する記事であるとされ、しばしば引用・言及されてきた。ポイントは、この記事の情報提供者が一九二八年に設立された「日本犬保存会」の初代会長、斎藤弘吉（一八九九〜一九六四）であったことである。ハチが「秋田犬」でなくたとえばドーベルマンやシェパードであったら、また、名が「ハチ」でなく「ジュリー」だったらどうであっただろうか。ドーベルマンやシェパードは戦前の日本陸軍が軍犬として就役させていたし、当時、飼い犬に外国人風の名をつけることは必ずしもめずらしいことではなかったのである。実際、東京に出てきてからのハチの飼い主である東京帝国大学農学部教授、上野英三郎（一八七二〜一九二五）がハチとともに飼っていたイヌの名は「ジョン」であった。

さて、ハチは日本犬保護の動きのなかで、当時のイヌの戸籍と呼ぶべき「犬籍簿」にきちんと登録されていたし、首輪には「畜犬票」が付されていた。また、ハチは上野が他界した後、居場所がなく渋谷駅界隈を彷徨い焼き鳥の御相伴に預かっていたのではない。上野邸に出入りしていた植木職人の小林菊三郎というれっきとした飼い主がいたのである。社会的な話題になりえたのは、一九三一年に秋田犬が日本犬のなかでは初めて「天然記念物」に指定されたこと、時代的背景としてナショナリズム高揚の風潮と重なっていたこと、伝統的な日本犬を守ろうとした活動に一定の社会的理解や共鳴が得られたこと、などがあったように感じられる。

一九三二年に東京で開催された「第一回日本犬全国博覧会」にはハチも特別招待犬として参加した。また、一九三五年三月、ハチが死亡した際には盛大な葬儀が行われ、遺体は老舗業者の手により剝製標本化されて東京・上野の国立科学博物館に収められた。同地に現存するこのハチの標本は、映画のパンフレットの表紙同様、東北出身の純朴で愛らしい日本犬をしのばせている。

さて、『ハチ公物語』のポスターにも使われたハチの駅前シーンでしばしば利用客に見かけられ、社会的に知られるようになった時期は、イヌが家畜のなかではもっとも汎用性が高く、その育種遺伝学的な背景までの知見が整理されていたころでもあった。その代表がアメリカのドーソン（W.M.Dawson）による『イヌの遺伝学』（一九三七年）であるとされる。この書の内容を、九州帝国大学農学部の遺伝学者田中義麿（一八八四〜一九七二）が翻訳・引用している。イヌは「家畜中最も用途汎く、従て品種の多い動物である」とし、用途には猟犬、番犬、警察犬、軍用犬、護羊犬、盲導犬、役用犬、伴侶犬、愛玩犬、興行用、

Episode 4

実験用などをあげていた（一九四三年）。ハチは、こうして見ると伴侶犬であり、愛玩犬としてヒトに仕えるイヌへの理解促進という機能を果たしていたように思う。

一方、科学実験用のイヌといえば、ロシア・パブロフ研究所で飼われ、パブロフにより消化生理学や条件反射研究に使われたイヌたちが思い起こされるかもしれない。飼い主が他界しても依然、生前の恩義を感じ駅まで来る日も来る日も迎えに行っていた話としてよく知られるハチの行動がワンパターンととらえられ、それが条件反射的な結果とする考えもある。また、冷戦構造下、文字通り国の威信をかけて張り合ったアメリカ・ソ連の宇宙開発競争において有人人工衛星につながる動物搭載の衛星にソ連が一足先に出ることができたのもまさにこのパブロフ研究所のイヌたちのおかげであった。国家の威信へ貢献した忠犬と見えなくもない。

さて、ハチの知名度の上昇と軍犬の普及とが関係するというとらえ方がある。ハチは、実際に一九三五年の『尋常小学修身書　二年生』（巻二、二六）に「恩ヲ忘レルナ」と題して教材化され登場した。一九三〇年代に入ると軍馬、伝書鳩などを含む軍用動物に対する国家的大宣伝が行われるようになった。なかでも軍犬は、訓練演習・展覧会・行進・出征祝い・慰霊祭のような公開イベントが雑誌の冒頭を飾ったという。入隊儀式も人間同様に行われたのであった（菅豊編『人と動物の日本史3』吉川弘文館、二〇〇九年）。

二〇一四年度、ＮＨＫの朝の人気連続ドラマ

『花子とアン』でも花子の家で飼っていた「柴犬」の「テル」が軍に徴用されるため「国防婦人会」のタスキを掛けた女性に家から連れ去られる場面があった（二〇一四年八月二八日放映）。テルとなじんでいた子どもがイヌがいなくなった理由を尋ねるシーンで「お仕事に行ったんだ」、「兵隊さんたちの手助けのために」という趣旨のセリフがあった。

こうした時代の雰囲気のなかで、ハチの振る舞いは飼い主に対する忠誠と見なされたばかりでなく、国家への滅私をいとわない「忠犬」として仕立てられたとし、ハチと軍犬は相乗効果で社会に浸透していったという理解がある。一九三四年、渋谷駅前で催された「忠犬ハチ公」像の除幕式にはハチ自身も参列していたのであった。修身の教科書に載せられたのもこの年である。

もっとも、軍犬と「忠犬ハチ公」をなんとか結びつけようとしなくても、一九三五年の尋常小学校の『国語読本』（巻五、二二）には「犬のてがら」と題した教材で具体的に軍犬の話が扱われている。海軍艦艇の名称から「金剛」、「那智」と名付けられ、当時の満州で展開していた陸軍部隊の実戦に参加した。そして、敵兵の軍服の一部をくわえたまま遺体で見つかったという兄妹犬である。

三つめはヒトと動物とのかかわりのうち、日本人とイヌの観点からである。江戸後期、当時、最高の本草学者といわれた小野蘭山（一七二九～一八一〇）が著した『本草綱目啓蒙』（全四八巻、一八〇三年）をひもといてみる。イヌは巻四六の「獣之一」に分類

Episode 4

され、畜類二八種のひとつとして記載されている。ブタ、イヌ、ヒツジの順である。イヌは「狗」と表記され、異名として「羹献」、「薬王」、「守門使」、「義畜」、「内和」、「家獣」、「槃」、「草狗」の八種があげられている。

用途による分類は、「田犬」、「食犬」、「吠犬」の三つである。田犬は「狩ニ用ルモノ」であり、「食犬」は「食用ニ供スルモノナリ　ムクイヌト云フ善肥ヘテ肉厚シ」としている。「吠犬」は、「家ニ畜テ夜ノ守ツ為ナリ」であった。じつに淡々とした叙述であるが、イヌの家畜化で、その目的、利用の端緒として取り上げられる狩猟と警護という使役が見て取れる。

また、チンが大奥や武家の女性に可愛がられ、愛玩動物として描かれた日本画をしばしば目にすることがある。こうしたイヌの愛玩やハチの存在が日本から江戸期まで継続的に見られた犬食を避ける結果になったという。日本に西欧近代動物学を導入したアメリカの動物学者モース（Edward Sylvester Morse, 1838-1925）は、日本のイヌは吠えるけれどもけっして攻撃しないことを知っていた。イヌを飼うことも日本の近代化の途上でさかんになったことで、明治期初頭までにハチのような形でイヌが社会的に浸透していく素地は見当たらない。なお、『ハチ公物語』は二〇〇九年、『ＨＡＣＨＩ　約束の犬』としてアメリカでリメイクされた。

『南極物語』の場合

さて、日本では、動物を殺すことに抵抗が強くあり、殺さないことを奨励（生こそ至上、苦は生の範囲)する。これに対して、欧米では、苦痛を与えることは罪であり、死より苦痛を与えないことを奨励(死で天国へ)するという。

このことと関連して検討してみたいのが南極に置き去りにしたイヌの場合である。一九五八年、日本の第二次南極越冬隊は氷に閉じ込められ、樺太犬をそのまま放置して帰国した。翌年、観測隊が昭和基地でタロ、ジロの二匹の生存を確認し、彼らが英雄的動物になったのであった。一九五九年一月一五日付「朝日新聞」夕刊では一面に「昭和基地は無事だった　犬も二頭生きていた　施設、すぐにも使える」と題し、二頭のイヌ「タロ、ジロ」も写真入りで紹介している。

また、三面にも「よく生きていた樺太犬　驚嘆すべき生活力　食物は何?　待たれ詳報」という記事が掲載された。「昭和基地の樺太犬が生きていた。昨年二月クサリにつないだまま氷原に残してきた樺太犬十五頭のうちの二頭。『あるいは生きているかもしれない』という声は……あきらめきれない感傷とうけとられていた」という。この生存が確認された様子は南極観測隊に参加した隊員がカラーの八ミリ映像に残していた。フィルムの状態がよかったため、南極観測五〇周年の二〇〇六年にDVD化された。

映画化も一九八三年に『南極物語』(製作：フジテレビ・学研・蔵原プロ、配給：日本ヘラルド映画・東宝)として実現し上映された。「文部省特選」となったこの映画の台詞に日本人のイヌ観が現れている。ひとつは、リキと呼んでいた愛犬の樺太犬を南極観測隊のた

Episode 4

めに提供した北海道の少女がイヌを置いてきた観測隊員に「どうして、見捨てたのですかなぜ　犬たちを連れて帰ってくれなかったのですか」となじっている場面。もうひとつは、一五頭の樺太犬は絶望視され、稚内に南極の学術探検に貢献したとして銅像がつくられ、その序幕式の際、取材に来ていた外国人記者が「この手で殺してやればよかったんだ」と観測員に罵声を浴びせている場面である。殺さないことを奨励する日本的なとらえ方と、これに対して、苦痛を与えないため死亡させる欧米の態度が集約されている。なお、この映画も二〇〇六年にはディズニーにより、『English Below』と題したリメイク版が作成された。

こうして見ると、ともに映画化された「ハチ」と「タロ、ジロ」との間にはイヌ観にかなり隔たりがあるように感じられる。さらに、長年連れ添ったイヌを失ってしまったときに生じるペットロスの問題、無表情で他者とのかかわりに拒否的であった方が動物介在療法としてイヌと接し温もりを感じたとたん、劇的に表情を取り戻したり、コミュニケーションも始めた事例のようにまことに心理療法場面でのイヌの効果の多様性が感じられる。こうしたヒトとイヌとの距離感を縮めた原点が秋田犬のハチであったと思われる。

（みぞぐち・はじめ　科学史）

上野英三郎博士と愛犬ハチ

塩沢 昌

ハチの飼い主であった上野英三郎博士（一八七一〜一九二五）（**図5-1**）は、日本における農業土木学をつくるとともに、この分野の実務を担う技術者集団を教育してつくりあげた、卓越した科学者・技術者であり教育者である。上野博士がつくった農業土木学は、その後、わが国の農地（水田）をかつての生産性の低い農地から生産性の高い農地につくりかえ、農業の生産基盤を支えている。ここでは、まず、上野博士がつくった農業土木学を紹介し、つぎにハチの物語に触れる。

図5-1　上野英三郎博士
（所蔵：東京大学農学部農地環境工学研究室）

上野博士と農業土木学

農業土木学とは、農業生産の基盤である農地を整備し、灌漑と排水の設備をつくり、これを核として地域環境を整備するための技術学である。技術学は、知識を体系化して教育を行うテキストがつくられて初めて成立する。上野博士の代表的な著書である『耕地整理講義』(一九〇五年)は、講義ノートをまとめたもので、この『耕地整理講義』をもって農業土木学の基礎が築かれたといってよい。戦後から現在に至るわが国の圃場整備事業は上野博士が描いた構想に沿うもので、これによってわが国のかつての生産性の低い農地は農業機械を効率的に使える生産性の高い農地につくりかえられた。ここでは、まず、わが国の特徴的な農地である水田の構造と灌漑排水について説明したうえで、『耕地整理講義』の内容と意義を中心に上野博士の功績を紹介する。

日本の気候と水田

日本の農地面積は、約四五〇万ヘクタールで国土面積の一二・二パーセントである。山地が七四パーセントを占めるわが国の平野面積は二六パーセントしかなく、その約二分の一が農地である。この農地の五四パーセントが水田で、残りが畑や果樹園であり、水田で稲をつくることが、古くからわが国の農業の基本である。わが国の降水量は年に約一八〇〇ミリメートル、平地の平均で一六〇〇ミリメートルである。世界の農業地域の平均が一〇〇〇ミリメートル程度であるから、わが国は水に恵まれているために、水田農業が営まれてきた。わが国の一八〇〇ミリメートル程度の降水量のうち、土壌表面や水面からの蒸発および植物の根から吸収されて葉から蒸散して、いずれも、水蒸気となって大気に失われる水量は年に六〇〇～八〇〇ミリメートル程度であり、残りの約一〇〇〇ミリメートル分(実際の水量はこれに水深に流域面積を掛ける)は流域から流出して河川を通って海に流れる。日本の水資源（河川の平時の流量）は豊富であるが、河川から取水して利用される水の約三分の二が農業用水として利用され、その九五パーセントは水田を灌漑する用水である（ただし、水田を灌漑した水は河川下流に流出して、下流で再び取水される形で何度も利用されている)。

水田の構造と灌漑排水

水田は、水を張って稲を生育させる農地で、いわば人工の湿地である。水をためるために周囲を畦《あぜ》で囲い、田面は水平でかつ平らであることが必要である（**図5-2**)。水田は畑地と異なり、生育期間中、用水が不足しない限り、ほとんど毎日灌漑水を入れる。水田から失われる水の形態と量は、まず、稲の葉からの蒸散と水面からの蒸発があり（いずれも水蒸気になって大気に失われるので、あわせて「蒸発散」という)、一日あたりの水深に換算して、晴れた夏の日で四〜六ミリメートルである。また、田面に湛水しているため、下方への浸透と畦からの浸透があり、その量は土壌の透水性(とくに下層土)と地下水位によって大きく異なり多様であるが、平均的には一五ミリメートル程度で、蒸発散量とあわせて一日に二〇ミリメートル程度が失われる。田面の湛水深はだいたい一〜五センチメートル程度に管理されるので、田面の水は灌漑しないと一〜三日で失われ、土壌水分を飽和状態に保つにはほぼ毎日、灌漑水を与える必要がある。このため、雨の多いわが国であっても、水田に降る雨だけで稲をつくることはできず、水田稲作には灌漑が不可欠である。すなわち、河川やため池などの水源を確保して水田まで水を引くことが必要であり、そのための河川からの取水施設(頭首工《とうしゅこう》と呼ばれる堰)、農業用のダムやため池、および、水源の水を水田地域に運ぶ幹線水路、水田地域内で水を配分する支線水路や直接水田に接する小水路などの水利施設が必要となる(水路は今日ではパイプ

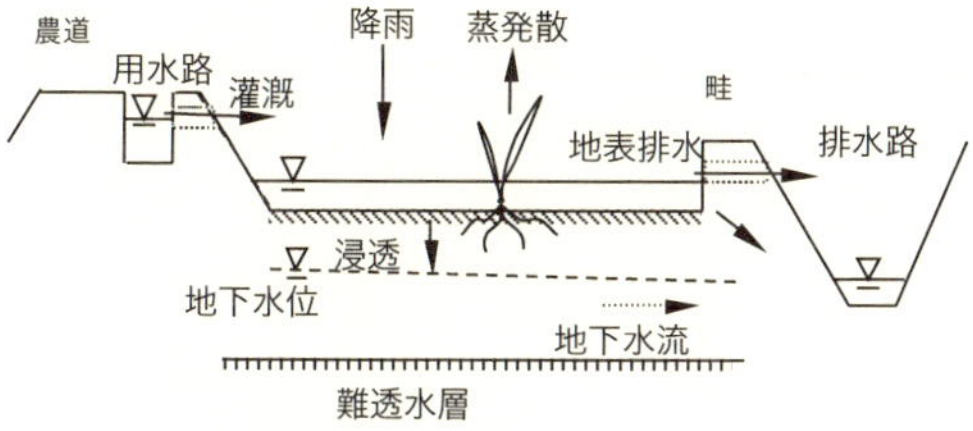

図5-2　水田の断面構造と水循環

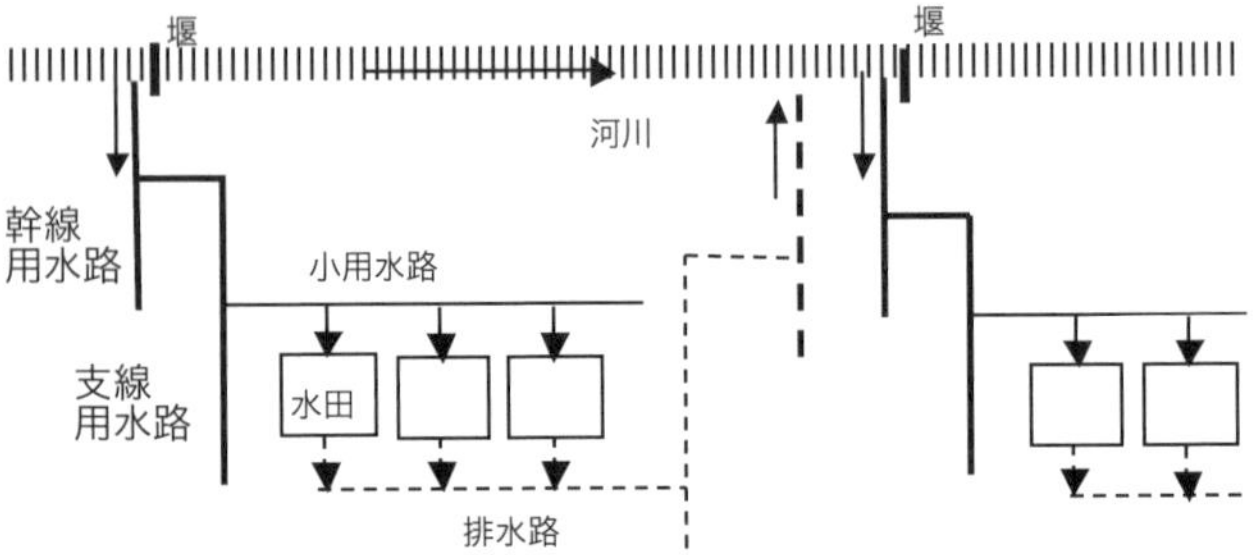

図5-3　灌漑排水システム

ラインになっていることも多い）。

過剰な降雨や、浸透して低い場所の農地にたまる水を河川に排水するために、排水路を整備することも必要である。大きな降雨の排水量は平時の用水量よりも流量が多いので大きな断面の水路が必要になる。また、低平地の水田地帯で重力での自然排水ができない地域では、排水機（大型の排水ポンプ）によって水田地域の排水が行われている。わが国の平野に広がる水田は、そこに灌漑水を供給し排水する灌漑排水システム（**図5-3、図5-4**）に支えられている。今日、日本の農業用水路は幹線だけで四〇万キロメートル（地球一〇周分）におよび、農業用ダムや頭首工などの基幹水利施設は七千カ所にもなり、この灌漑排水システムが稲作農業を支える生産基盤となっている。このような灌漑排水システムは一朝一夕にできるものではなく、長い年月の投資によってつくられ、維持管理されているものである。

畑地の場合、根圏（根が吸水する土層）の水分が不飽和（土の間隙に水と空気が存在する）の状態で植物が生育し、土壌水分がかなり減少するまで作物が枯れたり生育が衰えることがなく、消費水量は「蒸発散量から降水量を差し引いた量」だけでよく、一度根圏に十分な水が与えられれば、長期間、水を与える必要がない（根圏の深い乾燥地では、一作に一度の灌漑だけで、根圏に蓄えた水で畑作をすることもある）。そして、生育期間のほとんどで降水量が蒸発散量を上回るわが国では、畑地の灌漑は乾燥地のように不可欠なものではない。

　水田は畑地に比べて生産力が高い。水田や湿地には空気中の窒素を固定する微生物がいて、窒素肥料を与えなくても収穫を持続できる（畑地では

頭首工（福岡堰・小貝川）　幹線用水路（福岡堰土地改良区）

支線用水路（福岡堰土地改良区）　小用水　小排水

図5-4　灌漑排水システム

窒素肥料を与えなければ収量が激減する）。また灌漑水は栄養塩や微量元素を水田に供給する。さらに、とくにわが国に広く分布する火山灰土壌はリン酸を強く吸着し畑地ではリン酸が欠乏するが、湛水により還元状態の水田ではリン酸が溶解して稲に吸収されやすい。窒素やリンを化学肥料で補えるようになる以前は、とくにわが国において水田と畑地の生産力の差は著しく、水が使えるところは灌漑システムをつくって水田にしてきたのである。

圃場整備（耕地整理）

既存の水田を生産性の高い水田につくりかえる事業を圃場整備《ほじょうせいび》という。圃場整備がなされる以前の水田は**図5-5**、**図5-6**のように、ひとりの所有者（A）の小さなサイズの水田が分散している状態

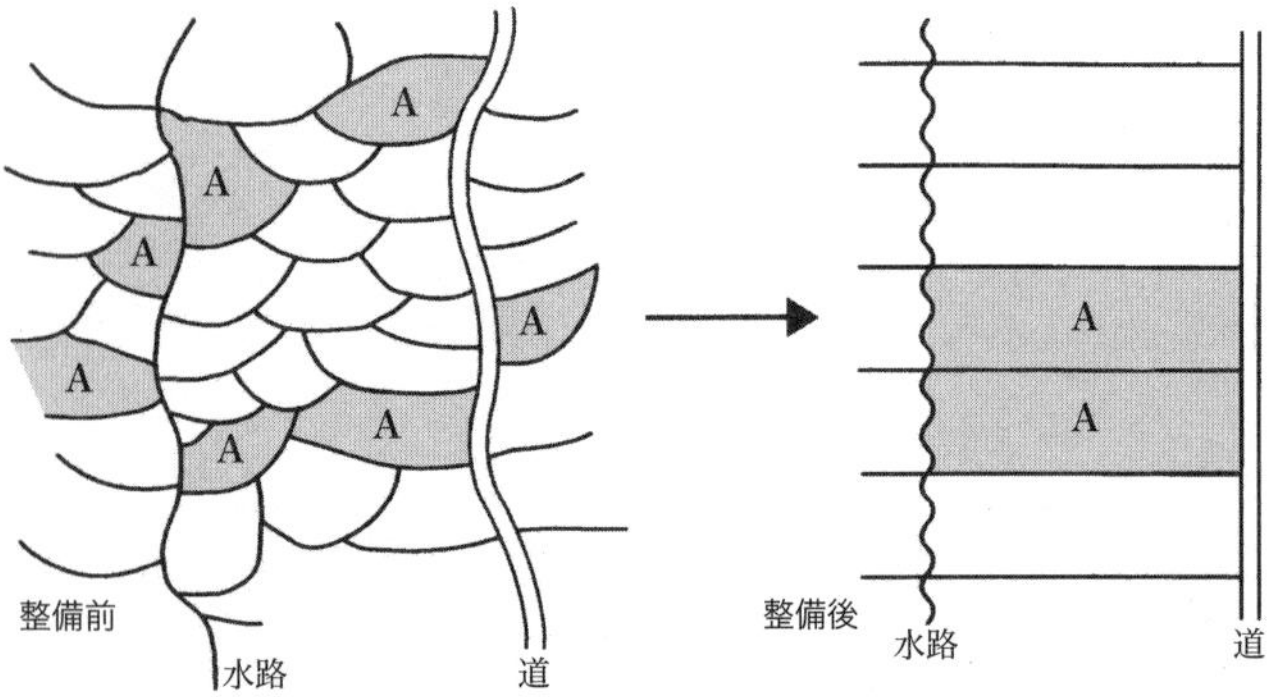

図5-5　圃場整備の前と後の水田区画と所有者の変化
（田渕、1999より改変）

であった。しかも、一枚ごとの水田が用水路と排水路につながっておらず、上流の水田に入った水の過剰分がたがいに接する下流側の水田に入り、上流の水田から下流の水田に順番に水田内を伝わって用水と排水が流れる形態である（田越し灌漑）。これでは各水田が独立に水を入れたり排水したりできないし、ほかの水田内を通らずに農業機械を入れることができない。人力で農作業をする限り、区画は小さくてもかまわないが、農業機械（かつては牛馬）を効率的に使うには、ある程度大きい必要があり、車両が通れる道路にして、農道から直接、自分の水田に入れる必要がある。

図5-6　未整備の水田（上：千葉県。山路永司教授提供）**と整備された水田**（下：茨城県）

区画を整理し統合するのは、水田の場合、境界線を引きなおすだけですむような簡単なことではない。道路と畦と水路をつくりなおし、一枚一枚の水田を新たに水平につくりなおさなければならないので、大きな投資が必要な土木事業なのである。圃場の灌漑排水を改善すること(土地改良)と区画整理は、普通、同時に行われ、今日では圃場整備と呼ばれ、かつて(上野の時代)は耕地整理と呼ばれた。

耕地整理は、明治二〇(一八八七)年、石川県石川郡の郡設模範農場において行われたのが最初で、欧米の圃場整備を視察した農学者らによって推奨され、明治三二(一八九九)年に耕地整理法ができた。ここにおいて耕地整理の専門技術者養成の必要性が痛感され、当時、耕地整理の学術のただ一人の研究者であった上野博士がその役割を担うことになった。

西欧の科学・技術学に学ぶ

『耕地整理講義』は「水路論」(水路設計と必要水量の算定)に始まり、ここにもっとも多くの紙面を割いている。用水路や排水路に必要な流量を、地形で決まる勾配で流すのに必要な水路の断面積を計算するには、水の流れの科学にもとづく専門知識(水理学)が必要である。上野博士は公式を示したうえで、断面サイズと勾配から流量を計算できる数表を与えている。また、浮きの速度から流量を測定する方法や堰《せき》を越える水の水深から流量を計算する公式と数表を示し、技術者が簡単に測定と計算ができるようにしている。今日使われる公式と基本的に変わらないもので、西欧の、当時としては最新の科学技術を文献で学んだものである。

しかし、上野博士が学んだ西欧の灌漑や区画整理は畑地を対象としたものであったから、水田を対象とする耕地整理のやり方は、自ら考えなければならなかった。灌漑施設を計画するには必要な灌漑水量を決めなければならない。灌漑水量を決めるのに必要な、農地の単位面積あたりの消費水量は、畑地であれば蒸発散量が基準になり気象条件で決まるが、水田では浸透量が重要で土壌や地域の地下水位によって多様である。上野博士は、この水田用水量の算定法に苦労しつつも、農商務省の試験場での実験や調査データを示して推定している（当時の測定技術と浸透に関する知識には限界があり、後の時代に研究が進む）。文献に学びながら、実験と現地調査・測定にもとづいて、なにが真実かを考察する一貫した姿勢を見ることができる。

上野博士の区画論と科学性

続く「区画論」（水田の形状と大きさ、用水路・排水路と農道の配置）は、上野博士の主張が、そのまま今日の日本の水田の標準区画になっている、その点で重要な部分である。今日の標準的区画は、**図5-7**のように、一枚の水田のサイズは短辺三〇メートル、長辺一〇〇メートルの三〇アールで、その短辺側に農道とこれに平行する用水路があり、反対側の短辺に沿って排水路がある。どの区画もひとつの短辺で農道、用水路、排水路のそれぞれに接するようになっている（用水路は今日ではパイプラインになっている場合が多い）。水田は湛水するために水平につくるので地形の傾斜に対して階段状になるが、傾斜方向に長くすると、土地を削る部分と土を盛る部分の体積が増え、単位面積あたりの工費が増加する（**図5-8**）。この制約により傾斜

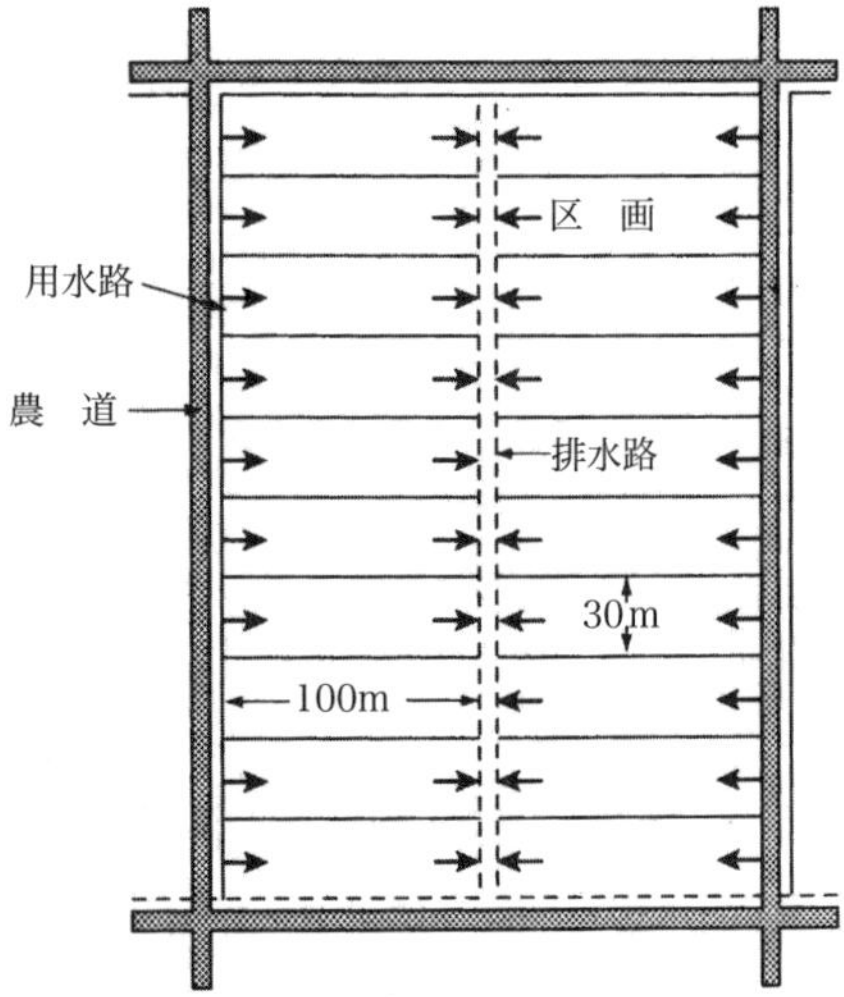

図5-7　今日の標準的な水田の平面図
（田渕、1999より改変）

図5-8　土工量を減らすため短辺は傾斜方向

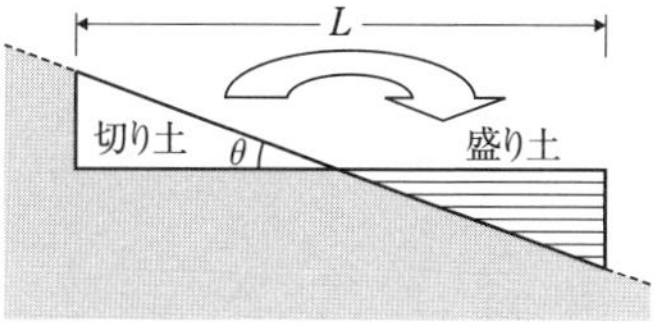

単位面積の土工量 $= \frac{1}{4}L^2\tan\theta / L = \frac{1}{4}L\tan\theta$

方向に短く、等高線方向に長くする。トラクターなどの農業機械（かつては牛馬）は、旋回するのに時間がかかるので、長辺方向には長いほうが効率がよい（**図5-9**）。用水路水面は田面より高い必要があるが、排水路水面は逆に田面より低い必要があるので、両者が機能するには用水路と排水路は分離する必要がある。どの水田も道路と用排水路に接し、しかも道路と用排水路に使う面積を最小にする（工費も最小になる）には、各短辺で接する**図5-7**のような区画にならざるをえない。これが上野の考えた区画であり、サイズについては、牛馬を想定しながら、二〇～四〇アールが適当で、傾斜が許せば五〇アール程度まで大きくて

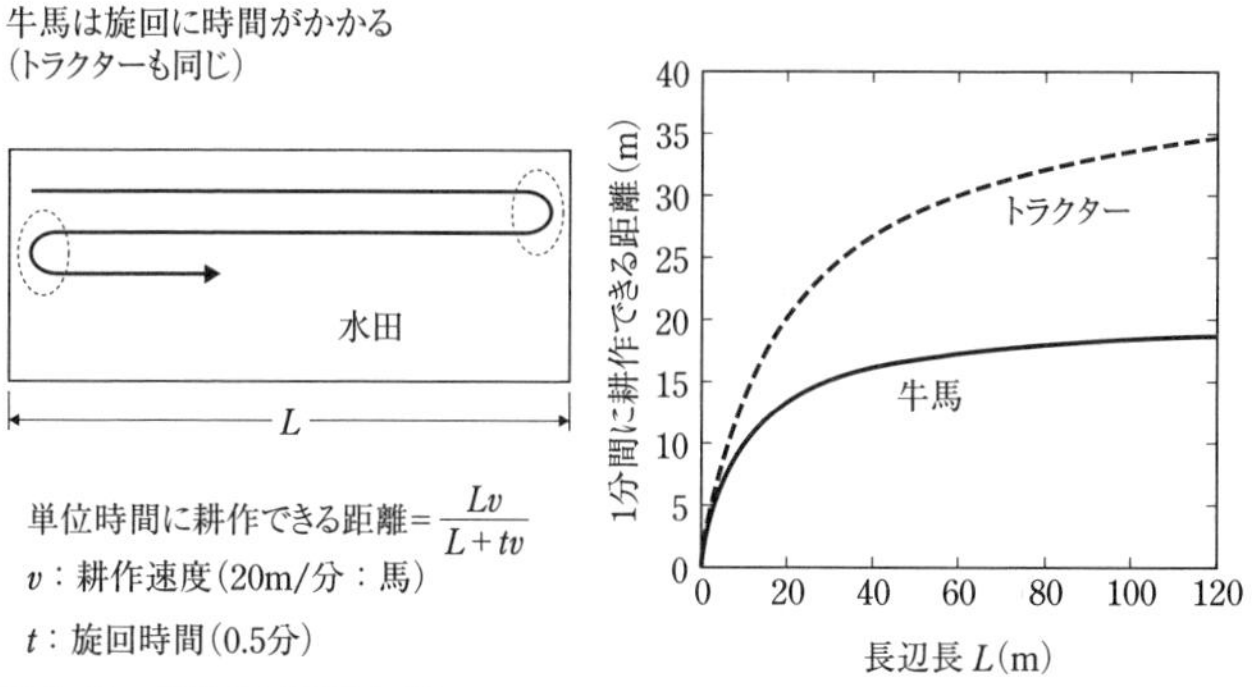

単位時間に耕作できる距離 $= \frac{Lv}{L+tv}$

v：耕作速度（20m/分：馬）

t：旋回時間（0.5分）

図5-9　水田の長辺長と作

もよいと考えていた。
上野博士は、当時静岡県で行われた区画整理の典型を例に（**図5-10**）、これを厳しく批判しており、興味深い。この例は、南北に碁盤目状に道路と用排兼用の水路を配置し、道路で囲まれた正方形内部を一〇×五＝五〇に分割した区画である。まず、区画の方向は地形によって決めるべきで、南北にこだわるのは無意味（迷信）であり、区画が小さすぎるうえに用排水兼用で、道路と水路に接しない水田ができている。これは、外見上の見栄えだけで、農業上の利益が少ない設計である、としている。耕地整理は、外見ではなく、実利のために行うことを強調しているのである。

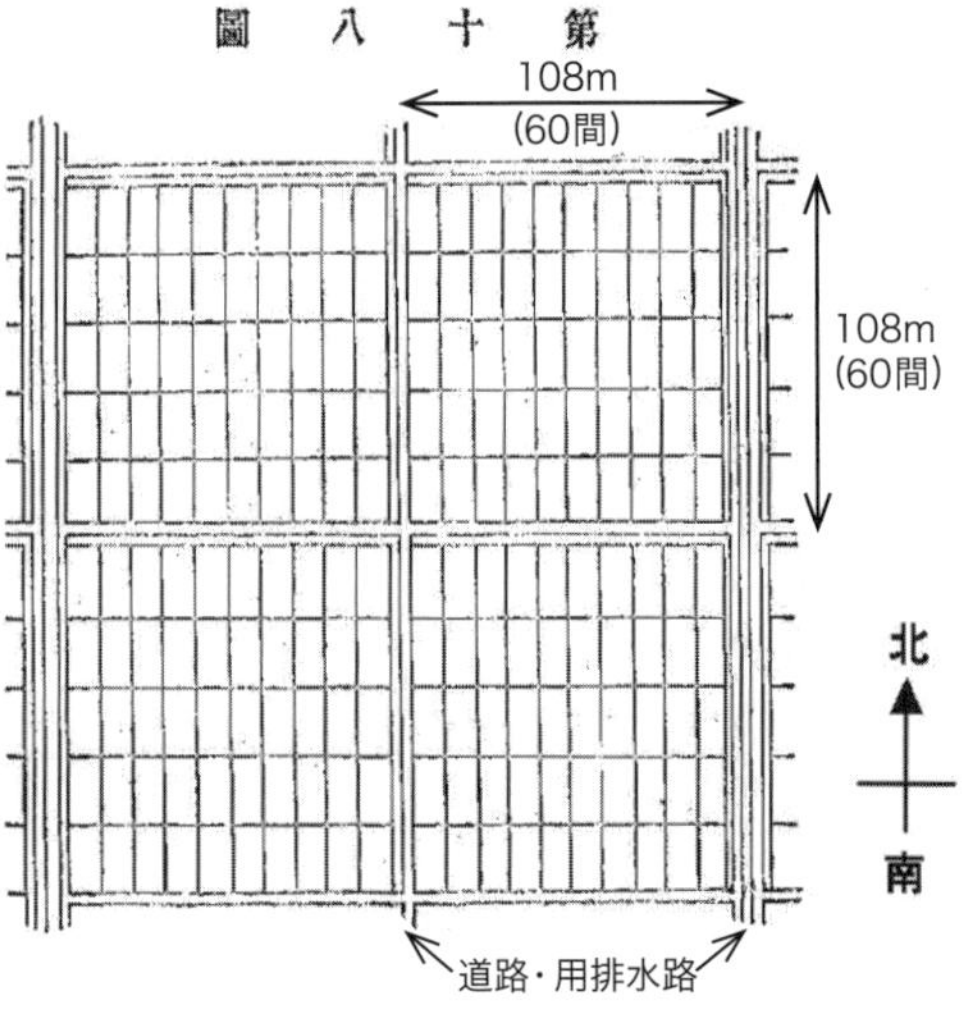

図5-10　上野博士が批判した区画の例
（上野、1905より改変）

上野博士のテキストには、技術者がこれを手がかりに設計ができるように、用排水路、農地区画、道路の大きさ形状、勾配などと基準の数値や、定量的に計算をする式や数表を示す一方、なぜそう考えるのかという根拠をくわしく書いている。ここに科学者としての上野博士の姿勢がある。考え方を理解していれば、現場の状況に応じてどこを変えればよいかを考えることができる。機械的に基準を適用するのは簡単であるが、頭を使わぬ「画一主義」を上野博士は強く批判している。利益を最大にして経費を最小にするように頭を使わなければならない、耕地整理の設計は制約条件が複雑なので、大規模な土木構造物の設計よりむずかしい仕事である、としているのである。また、よい設計をするには事前の調査に経費と労力を惜しんではならないとして、調査すべき項目と方法を具体的に述べている。上野博士が持ち込もうとしたのは、文献で学んだ西欧の技術学だけではなく、現場をよく調べその事実にもとづいて論理的に考えるという科学的な方法・態度であり、現場主義といってよいものであった。

圃場整備事業の展開

耕地整理事業は、明治の近代化と富国政策の下で開始された。上野博士は、将来、工業の発展により労働力が農村から都市に移動し、より少ない労働力で農業生産を担わなければならなくなると見通し、土地生産性（土地面積あたりの収量）を高めるだけではなく労働生産性（労働時間あたりの収量）を高めることが不可欠になり、動力として牛馬（将来的には機械力）を効率的に使えるように水田規模を拡大することが必要であると確信していた。しかし、この時代に実際に行われた耕地整理では、灌漑排水の整備・改良は行われたものの、上野博士が同時に進めるべきだと考えた水田区画の拡大は、第二次世界大戦後になるまで進まなかった。当時の地主制の下では労働生産性を上げることは小作の労力を軽減するだけで不耕作地主の利益にはならず、地主は土地生産性を向上させること（灌漑排水の改良など）に関心があっても、労働生産性を上げる投資には関心がなかったからである。これは、上野博士が社会の状況を見ていなかったというよりも、上野博士の考えには普遍性があったにもかかわらず、当時の寄生地主制が社会の進歩を妨げる時代遅れのものであったと見るべきであろう。それゆえに、第二次世界大戦後に地主制がなくなり、機械化によって農業の労働生産性を高めることが社会の強い要請となる時代になって、上野博士が構想したとおりの圃場整備事業が展開されることになり、今日に至るのである。一九六〇年代の初めに採用された標準区画（**図5-7**）は、それより六〇年も前に上野博士が論理的に考えた区画のデザインそのものであった。

一九六〇年代以降に農業の機械化によって労働生産性を高めることを目指して、その基盤となる農地をつくるための圃場整備事業が進められた。トラクターやコンバインが水田に入って効率的に農作業を行うには、区画の拡大とともに、排水施設の整備や暗渠排水（地中に埋めた穴あきパイプによる集水）の敷設によって水田の排水を迅速に行うことも重要な課題となった。圃場整備の進展の結果、昭和三六（一九六一）年に一〇アールあたり一四六時間であった稲作労働時間は、平成二三（二〇一一）年には二六時間となっており、わが国の水田農業の労働生産性は着実に高まった（**図5-11**）。

農業土木学教育と技術者養成

上野博士は、東京大学農学部（当時は東京帝国大学農科大学）の農学科の出身で、大学院では土地改良と農具

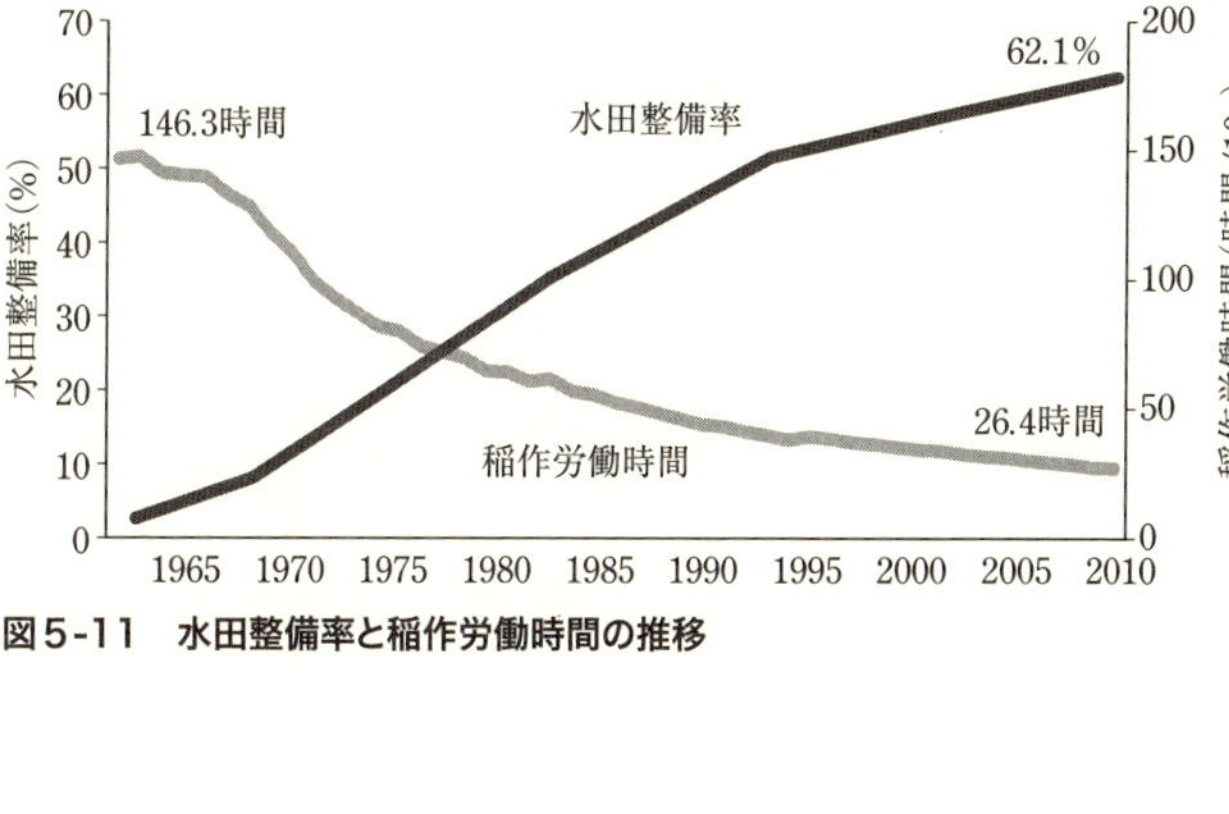

図5-11　水田整備率と稲作労働時間の推移

の研究を行った。さまざまの分野にくわしく多彩であり、とくに農学にあっても物理学や数学が得意で、西欧の土木工学や機械工学を学ぶのに苦はなかったと思われる。上野博士は、灌漑排水と耕地整理のための自らの技術学を、農学と土木工学の知識を基礎とするものであるとして、農業土木学と称した。『耕地整理講義』を著したのは、彼が東京帝国大学農科大学の助教授になったばかりの三三歳のときであり、その意欲と知識と洞察の深さに驚かされる。大学で教鞭を執りながら農商務省兼任技師として耕地整理技術者の養成に尽力し、東大における農業土木と農業工学の学科創設に努力し、明治四四（一九一一）年に農業工学講座担任の教授となった。

大学ならびに農商務省の講習会において直接に講義を受けた技術者は三〇〇〇人に上るとされ、その後のわが国の農業土木事業を担う技術者集団をつくりあげたのである。技術者を教育する一方、新潟平野の排水事業など大規模な灌漑排水事業の調査計画にも学生たちを率いて直接かかわった。

また、上野博士は大正一二（一九二三）年に発生した関東大震災からの東京の復興にもかかわっている。耕地整理において、分散している同一所有者の農地をほかの所有者の農地と交換して同一所有者の農地を一カ所に集積する換地が行われるが、この換地の技術を東京の都市復興に生かしたとのことである。ひるがえって、平成二三（二〇一一）年三月の東日本大震災の津波被害と原発事故にともなう農地と環境の放射能汚染に対して、沿岸地域の農業と農村の復興、ならびに農地の除染および放射性物質の土壌や環境中の挙動の研究に、農業農村工学分野の技術者と研究者が尽力をしており、大災害への対応についても、上野英三郎博士が創始した学術分野の伝統が引き継がれているのである。

農業土木学（農業農村工学）というのは、じつは、日本の独自の分野である。外国では、畑地であれ水田であれ、灌漑排水は土木工学の一分野であり、工学部の出身者が農学部（農業工学）の出身者と共同で担う分野となっているが、今日の日本では、もっぱら農学のなかにあり、農学部の出身者が実務を担っている。日本でこのようになったのは、上野英三郎博士という卓越した科学者・教育者が農学にいてこの学術の創始者となり、工学部土木に頼ることなく、土木工学の基礎についても農学部の内部で教育をすることで、多数の農業土木技術者を養成したという歴史的な事情があると思われる。上野博士は工学部土木学の分野からも一目を置かれ、工学部でも講義を担当していた。昭和四六（一九七一）年に、上野博士誕生一〇〇年を記念して農業土木学会の学会賞のなかに上野賞が設けられ、「農業土木に関する事業の新しい分野の発展に寄与すると認められる業績」に対して、毎年、受賞が行われている。

ハチの思いが時代を超えて人々の心を打つように、その飼い主もまた、時代を超えて傑出した科学者であり技術者であった。今日、われわれが農村で目にする整備された水田は、それがどこにも存在しなかった時代に、上野博士がデザインしたものである。いまは存在しない目指すべき将来のモデルを具体的に示すことは、並の研究者にはできない。上野博士の知恵と思想は、これを学んだ、後の多くの人々の努力を通して、今日のわが国の水田のみごとに整備された姿に刻まれている。

ハチと上野英三郎博士の物語

ハチと上野博士の実際の物語は、遺族や関係者の話にもとづいて文献に記されている。とくに林正春の『ハチ公文献集』（一九九一年）はそれまでの文献を引用・抜粋しつつ自身の取材したことを加えたものである。さらに、最近、白根記念渋谷区郷土博物館・文学館で開催された「特別展ハチ公」の展図録（二〇一三年）は、文献とともに遺族に対する新たな取材を行って事実にもとづくハチの物語が整理されており、写真も豊富で貴重な資料である。ここでは、これらの文献にもとづいてハチと上野博士の物語を、とくに上野博士夫人のことを意識して紹介する。そのうえでいま、青山霊園の墓について生じている、私もかかわっている問題を述べる。

上野博士と子犬のハチ

上野博士は大正一四（一九二五）年五月に五三歳で逝った。亡くなる一七カ月前から生粋の秋田犬の子犬を飼い始めていた。ハチは、現在の秋田県大館市の民家で大正一二（一九二三）年一一月に生まれ、生後五〇日で小荷物として鉄道で運ばれて上野英三郎博士のところに来たのは、関東大震災の翌年の大正一三（一九二四）年の一月であった。上野博士の門下生の世間瀬千代松が秋田県耕地課長になって、秋田犬の子犬をほしがっていた上野博士に送ったものである。大の犬好きであった博士は、体の弱かったハチを自分のベッドの下に寝かせるなど細心の気遣いをして育て大いに可愛がり、通勤には大学や渋谷駅に送り迎えをさせていた。

学生たちが上野博士の家に行くとハチが家の中にいた。その様子を当時学生であった牧隆泰はつぎのように書いている。「五〇才を過ぎたころから漸次病気をされるようになった。このころ奥さんはいつも先生の身辺に付き添って世話をされていたけれども、子どもがないのでハチ公を可愛がられることわが子のようであった。われらが一番困ったことはハチ公を座敷に入れられていたので先生の茶の間で話し合う時、ハチ公がしばしば邪魔をなし、時には畳の上に脱糞することがあり、これには奥さんや手伝いの鶴子さん（八重子夫人の養女）が閉口されていた」。学生たちは、教授の可愛がっている飼い犬を「ハチ」と呼び捨てにするのは気が引けて、「公」を付けて「ハチ公」と呼ぶようになった。

上野博士との別れ

五月二一日、上野博士は大学での教授会の後、同僚の教授の部屋で話をしているときに倒れ、帰らぬ人となった。この日、大学に博士を迎えに行ったハチは、博士に会えずに帰宅した。そして、博士の最期の着衣を置いた物置にこもって三日間なにも食べなかったという。五月二六日の葬儀日の朝には、博士の棺の下に潜って出ようとしなかったとのことである。

上野博士の家は、渋谷駅に近いいまの渋谷区松濤町にあって、二〇〇坪の敷地に広い庭と裏には博士の畑があった。上野博士は飼い犬を綱でつないで飼うようなことはせず、犬たちは家の敷地内でのびのびと暮らすことができた。

上野博士には、実の子がなかった。さらに、八重子夫人は入籍をしていなかった。上野博士の実家が三重県の名家で親が決めた縁談があったが博士はこれに従わず八重子さんを伴侶に選んだが、両親に認めてもらうまでは入籍をしないでいたようである。戸籍上は他人で事実婚である八重子夫人は、旧民法下でいっさいの財産を相続することができず、ハチをはじめ飼い犬ともども長年暮らした家を出なければならなかった。八重子夫人は、自分たちが使っていた家具が道玄坂の古道具屋に出ているのを見つけて一部を買い集めたとのことである。犬たちはそれぞれ八重子夫人の親類などに預けられた。ハチは八重子さんの知り合いの呉服屋に預けられ、生まれて初めて綱でつながれる暮らしとなったが、綱を外されると、後ろ姿が似た客を八重子さんとまちがえて飛びかかり、いられなくなってほかの親類宅に移されたが、そこでも大型犬のハチが原因で近所とのトラブルが生じた。

入籍をしていなかったために、住んでいた家はもとよりなにひとつ相続できずに家を出なければならなかった八重子未亡人を支えたのは、東大の上野博士の弟子たちであった。生前、重い中耳炎を患って入院した上野博士に、教え子たちはお金を出し合って、静養のための別荘を葉山につくって贈呈しようとした。上野博士は最初、「そのようなものをもらうわけにいかぬ」と辞退したが、再々の教え子の頼みに、その誠意をむだにしないようにと「自分が生きている間、借りて使わせてもらう」ということで決着していた。教え子たちは、博士の死後、この別荘を売却したお金で八重子さんのために世田谷に家を建てた。それから、募金を集めて、裏千家の茶道の教授として生計を立てていた八重子未亡人のために茶室をつくって寄贈している。さらにその後、生涯の年金の提供を申し出たが、八重子未亡人は涙を流して謝絶したとされる。

弟子たちが八重子未亡人のために行ったことはそれだけではない。上野博士の遺骨は、三重県久居の上野家累代の墓に埋葬されたが、弟子たちは、青山霊園に区画を購入し、ここに分骨埋葬をして八重子未亡人と門下生は命日に墓参するようになった。この青山霊園の墓は、その後、昭和二六（一九五一）年に農業土木学会（農業農村工学会に改称）が永代管理することを学会理事会が決定し、これに合意する文書を上野博士の相続人（博士の甥）と交わして、学会が毎年の墓参会を行い、墓を守っている。「ハチ公の記念碑」（事実上のハチの墓）も、この青山霊園の上野博士の墓石の傍らにある。三重県の上野家の墓に埋葬されていたにもかかわらず、教え子たちが別に墓をつくって分骨するということは普通は考えられないことであり、青山霊園の墓は、博士の教え子たちが八重子未亡人のためにつくったとしか考えられない。実際、八重子未亡人が存命中は、青山霊園で教え子たちや学会が行った墓参会などの祭事は、八重子未亡人を事実上の喪主として行われていた。ハチが死んだときも、盛大な追悼の式典が渋谷で行われ八重子未亡人が飼い主として参加し、ハチの霊を埋葬する祭事がこの青山霊園で行われた。

世田谷に家ができてから、当初、八重子未亡人はこの家でハチを飼おうとした。しかし、かつてのような広い敷地ではなく問題が生じた。大型犬のハチが走り回れる広い庭や家の畑があるわけではなく、綱が解かれると、ハチは家の裏の畑に入り込んで百姓に棒で追い回され、百姓に畑を荒らしたと怒鳴り込まれた。さらに、綱でつないでおくと、昔から一緒に飼われていたエスが逆境のなかで性格が悪くなりハチをかんでいじめるようになっていた。またこのころ、ハチを渋谷で見かけたという知らせが八重子さんに伝わっていた。そこで、八重子さんはハチを世田谷の家で飼うことを断念し、かつて上野家に出入りしていてハチを知っていて上野博士に恩がある植木職人の小林菊三郎に頼んで飼ってもらうことにした。小林家は富ヶ谷にあって、ハチが好きな渋谷に近いためでもあった。小林家では、ハチは綱でつながれることもなく、朝夕、自由に渋谷に通うことができた。小林には子どもが多く、子どもにはコロッケを食べさせてもハチには牛肉を与えたとされ、恩人の上野博士が可愛がっていた犬であるハチを大切にした。ハチは渋谷に通い渋谷で過ごすことが多かったが、けっして野良犬になったことはなく、上野博士を知る人々によって守られていた。八重子未亡人は、ハチを手放さざるをえなかったが、ハチが死ぬまで見守り続けた。

ハチの渋谷駅通い

ハチのことを世間に知らせたのは、日本犬の研究者で保存活動をしていた斎藤弘吉である。ハチと偶然、めぐり会い、東大教授であった上野博士の犬で博士の死後、毎日、渋谷に通っていることを知ることになった。斎藤弘吉は、おとなしいハチが、渋谷で顔に墨でいたずら書きをされたり、ベルトを盗まれたりするのを見かねて、ハチの悲しい事情を人々に知らせてもっといたわってもらいたいという思いで、昭和七（一九三二）年に朝日新聞に投稿し、「いとしや老犬物語　今は世になき主人の帰りを待ち兼ねる七年間」と題する記事となった。この記事によって、ハチは一躍、忠犬として有名になり、ハチに触れようとする子どもたちが列をつくるようになった。

昭和の初期の戦争と軍国主義の時代にあって、「忠犬ハチ公」は小学校の教科書にも登場して修身教育に利用された。一方で、ハチが渋谷に通ったのは焼き鳥をもらうためであったという事実にもとづかない俗説も、当時からあったようである。

これについて、斎藤弘吉は以下のように述べている。「死ぬまで渋谷駅をなつかしんで、毎日のように通っていたハチ公を、人間的に解釈すると恩を忘れない美談になるかも知れませんが、ハチの心を考えると恩を忘れない、恩にむくいるなどという気持ちは少しもあったとは思えません。あったのは、ただ自分を可愛がってくれた主人への、それこそまじりけのない、愛情だけだったと思います。ハチに限らず、犬とはそうしたものだからです。無条件な絶対的愛情なのです。人間にたとえれば、子が母を慕い、親が子を愛するのに似た性質のものです」、「渋谷駅を離れなかったのは、心から可愛がってくれた到底忘れることのできない博士に会いたかったのである。ハチ公の本当の気持ちは、大好きな博士にとびつき自分の顔を思いきりおしつけて、尾をふりたかったのである」。

日本犬は育てられた飼い主を生涯忘れないもので、秋田犬はとくにこの性格が強いとのことである。大いに可愛がられ大切に育てられたハチは、まちがいなくそういう犬であった。ハチが、ほんとうに心を許す飼い主は、上野英三郎博士と八重子夫人の二人で、生涯、この二人だけであった。ハチの八重子夫人に対する気持ちを表すエピソードを斎藤弘吉が書いている。ハチの銅像をつくるために、友人で彫刻家の安藤照のアトリエにモデルのハチを連れてきたが、暑い日で、老いたハチがなかなか立ち上がらず、苦労していたときのことである。「安藤君と私と一息ついて休んでいた時、玄関で訪う女の人の声がしたと思ったとたん、今まで暑さに弱って土間に腹這いながらせわしく呼吸していたハチが、躍り上がって尾を振り振り玄関に突進して行き、入ってきた上野未亡人に飛びついた。私はハチの一生であの時ほどいじらしいと思ったことはない」。この斎藤弘吉の話は、八重子夫人がハチにとって、心から慕う特別の存在であったことを示すものであるが、同時に、上野博士に対しても同様、いや、それ以上であったであろう、ということを示すものである。

ハチは上野博士の死後、渋谷駅に毎日通い、改札口から出てくる人のなかに上野博士の姿を探し続けた。しかし、上野博士は生前、渋谷駅から大学に通勤していたのではない。当時、東大農学部は現在の東大教養学部がある駒場のキャンパスにあった。現在、農学部は本郷キャンパスと隣接する弥生キャンパスにあるが、弥生キャンパスには当時、第一高等学校(一高)があって、一高との間でキャンパスの交換を行ったのは、昭和一〇(一九三五)年で上野博士が亡くなってからである。上野博士は駒場の大学に徒歩で通勤し、ハチは大学にも送り迎えしていた。上野博士は渋谷駅を使うことも多かったが、それは、農商務省に行くときと農商務省の試験場（現在の農業環境技術研究所）が北区西ヶ原にあって、ここでの実験を指導していて渋谷駅を使ったこと、および、博士が指導する耕地整理事業の現場は全国および当時は台湾と朝鮮にもあって、現場への出張には渋谷駅を使っていたためである。

本書のコラム（エピソード1）にも紹介されているが、白根記念渋谷区郷土博物館・文学館の松井圭太学芸員が最近、遺族に聞き取りを行って、新たな証言を得ている。「遺族から聞いた話によれば、博士が遠方に出張した際に、帰宅の日を家人に伝えずに戻ったことがあった。それにもかかわらず、ハチが駅改札口で待っていたという。驚き喜んだ博士は、ハチを抱きしめ、じゃれつくハチとしばらく遊んでやってから、ご褒美に駅前の屋台で焼き鳥を食べさせたという。……頭のよい犬だったハチは、博士が何日も帰らない場合は必ず渋谷駅に戻ってくると理解したため、博士亡き後も渋谷駅で待っていたかもしれない」（「特別展ハチ公」白根記念渋谷区郷土博物館・文学館、二〇一三年）。ハチは子犬のときから慣れ親しんだ渋谷が好きで、焼き鳥も好きであったのは事実のようであるが、ハチにとって渋谷駅で博士を待つ必然性があったことを示す証言である。

上野博士とハチの墓

昭和一〇（一九三五）年三月八日、ハチは一一歳で逝く。ハチの訃報を知った三千人余りの人が渋谷の銅像前に殺到し、花環やお菓子などが供えられ、賽銭箱に香典を入れる人がひっきりなしに訪れた。三月一二日には青山霊園でハチの葬儀が盛大に行われ、上野博士の傍らの祠にハチの霊が祀られた。ハチの亡骸は、東大農学部で解剖された後、毛皮は国立科学博物館で剝製となり、内臓の一部は灰にして青山霊園の祠に入れられ、残りは農学部に保存されることになった。骨格は研究用に斎藤弘吉が自宅に保管していたが、戦時中に空襲で焼失した。

青山霊園の上野英三郎博士の墓とその傍らにハチの霊が眠る墓（記念碑）には、いまなお、多くの人々が訪れる。すでに述べたように、この墓は博士の門下生が八重子夫人のためにつくったものと考えられ、その後は農業土木学会が長年管理してきた墓で、今日では農業土木学の始祖である上野博士を顕彰する墓となっている。しかし、肝心の八重子夫人（昭和三六［一九六一］年四月三〇日没）がこの墓に埋葬されていない。ハチに関する資料をまとめた林正春は、青山霊園の墓についてつぎのように書いている。「上野博士の死後、ハチ公の面倒を死ぬまでみた上野未亡人は上野博士夫妻として、ここに一緒に眠ってはいない。ここに眠るのは上野博士とハチ公だけである。……夫婦でありながら夫と引き裂かれたまま永眠するのが、上野博士夫人八重さんである。上野未亡人は晩年、青山墓地上野博士の墓石のかたわらの灯籠の下に埋めてといっていた。そのささやかな願いは絶たれたままである。今はなき上野博士夫人、八重さんの悲劇は終わっていない」（『ハチ公文献集』一九九一年）。

「東大にハチ公と上野英三郎博士の像を作る会」の活動を契機に、この経緯を知った東大の農業農村工学会学会員の教授有志は、平成二六（二〇一四）年四月に、八重子夫人（戸籍上は「坂野八重」）の遺族と三重の上野家の相続人の合意が得られたことを前提に、八重子夫人の骨を坂野家の菩提寺から分骨して、青山霊園の上野博士の墓に合祀するよう農業農村工学会に対して申し入れた。八重子夫人を合祀することが、入籍をしていなかったとはいえ八重子夫人が上野博士とたがいに信頼し合う夫妻であったこと、および、八重子夫人が博士亡き後、ハチを守った飼い主であったという歴史の事実を後世に伝えるために必要と考えてのことである。学会は青山霊園（東京都）に対して、八重子さんの納骨の申し入れを行った。しかし、ここに東京都との間に墓の名義について問題が生じて手続きが進まず、いまだに合祀ができずにいる（二〇一五年一月時点）。

青山霊園は東京都営の墓で、東京都霊園条例によって、墓の使用者（名義人）は、「祖先の祭祀（し）を主宰すべき者」となっており、名義人が埋葬の申請をすることができる。

上野博士の墓の名義は、三重の上野家の相続人（上野博士の甥が養子）になっているが、住所が農業土木学会となっていた。形式的に法的な相続人（法律上の子）の名義としつつ、実態は学会が使用者であることを示すための苦肉の策であったのであろう。この名義人はすでに故人のため、まず、その相続人に名義を書き換えなければならない。ところが、東京都の担当部局は、これまでの学会住所ではなく、三重県の相続人の正規の住所とすることを求めてきた。学会としては、墓の歴史と六〇年間、学会が毎年の祭事と管理を行ってきた実態に反するものでこれに応じることはできず、この際、経緯と実態に合わせて、学会が墓の名義人となることを求めているが、東京都は認めていない（名義人である三重県の上野家の相続人とは、学会が墓を永年管理するという文書を昭和二六［一九五一］年に交わしている）。ことが現代であれば、上野博士と長年一緒に暮らした「内縁の妻」である八重子さんが最初からこの墓の名義人となっていたはずで、なんの問題もなかったことであろう。一〇〇年前の旧民法下で、入籍していなかった八重子未亡人が名義人になれなかったために生じたことで、いま、墓の名義人としてふさわしいのは、学会をおいて他にはない。この墓において上野博士の祭祀を行ってきたのは、かつては八重子夫人と門下生たちで、その後は学会なのである。上野英三郎博士と八重子夫人とハチが一緒に眠ることができて初めて、八重子夫人の悲劇に終止符が打たれ、真実の歴史が後世に伝えられるのである。関係の遺族（八重子夫人の遺族、三重県の上野家の相続人）が合意しているにもかかわらず、東京都の理解が得られず八重子夫人の合祀を進められないのは、もどかしく残念な限りである。

（しおざわ・しょう　農地環境工学）

エピソード—5

ハチと渋谷区

桑原敏武

渋谷区は、平成二四（二〇一二）年一〇月に区制施行八〇周年を迎えましたが、ハチが初めて忠犬として新聞に紹介され、一躍有名になった昭和七（一九三二）年は、渋谷町・千駄ヶ谷町・代々幡町の三町が合併し、渋谷区が誕生した年でもありました。

このようにハチは、今日まで渋谷区の誕生から八〇年余り、渋谷のまちを見守り続け、区のシンボルとして時代と世代を超えて多くの人々に愛されてまいりました。

現在ハチといえば、渋谷駅前に設置されたハチ公像を思い浮かべる方が多いでしょう。このハチ公像は、昭和九（一九三四）年に駅前に設置されましたが、戦争による物資不足から金属回収が行われ、ハチ公像も対象となりとかされてしまいました。

戦後、ハチ公像再建のため、地域の方々が中心となって募金活動を行い、昭和二三（一九四八）年に再建されたのが現在のハチ公像です。その後、再建に尽くされた方々が「忠犬ハチ公銅像維持会」をつくり、現在も像の維持保存を担っておられます。

同会では、毎年「ハチ公まつり（慰霊祭）」を開催しており、ハチ没後五〇年となった昭和五八（一九八三）年の慰霊祭では、愛する主人である上野博士を待ち続け、対面することなく亡くなったハチを悼み、東京大学農学部にある上野英三郎博士の胸像を渋谷駅前に運んで、忠犬ハチ公像と対面させるという特別なイベントが行われました。

Episode 5

このたびハチ没後八〇年を記念し、人と動物の相互敬愛を育まれた上野博士の遺志を受け継ぎ、動物の生に対する尊厳を大切にするため、象徴となる像を東京大学に設置することとなったと聞きおよんでおります。

これによりハチ公像は、渋谷駅前、ハチの生まれ故郷である秋田県大館市、上野博士の故郷である三重県津市、さらに米国ロードアイランド州にも設置されており、今回のものをあわせると五カ所に設置されたことになります。

像のみならず、ハチ（秋田犬）が由縁で大館市と渋谷区の文化交流がさかんに行われることとなり、また、ハチの物語が米国で映画化されたことで、渋谷を訪れる多くの外国人観光客が、スクランブル交差点だけでなくハチ公像にも立ち寄り、その成り立ちに関心を抱くようになるなど、いまでもハチは渋谷の文化発信に大きな役割を果たしております。

このように、ハチが没後八〇年を経ても国内外を問わず愛され続けているのは、見返りを求めない愛情への感動を、多くの人々に思い起こさせてくれるからでしょう。

いま、渋谷区は大きな転換点にあり、街並みは未来へ向けてさらに発展してまいりますが、これからも渋谷区を中心に、世界に誇るべきハチと上野博士の物語を末永く後世に伝えていきたいと思う次第です。

（くわばら・としたけ　渋谷区長）

エピローグ
人と犬のつながり

正木春彦

二〇一四年三月八日土曜日にシンポジウム「東大ハチ公物語」を開催した翌日、飼い犬のシータ（一二歳のアメリカンコッカースパニエル、雌）と散歩に出たが、めずらしくつらそうにしていたので途中から抱いて帰宅した。火曜日の夜に妻から、シータの呼吸が苦しそうだと電話があり急いで帰宅。二四時まで受け付けている動物病院に連れて行き、頭部のレントゲン撮影で鼻腔に腫瘍の疑いを告げられる。後日ＣＴでくわしく調べるためにはまず全身麻酔が必要とのこと。二日後に東大の動物医療センターを受診して、麻酔も不要な高感度のＣＴ撮影で、鼻腔腺がんに冒されていることを知らされた。脳や眼との間を隔てる骨もなくなっていて（がんで破骨が進むらしい）、余命三カ月と宣告された。そういえば、と昨年からのいろいろな兆候が思いあたる。

それからの三カ月と一週間、のけぞる小さな背中に思わず人工呼吸をしてしまった最後の一瞬まで、犬のことは知っていると思っていた私に、苦しかったシータはいろいろなことを教えてくれた。

シータの場合助かる可能性はなく、あとは本人（犬）が苦しむ段階しか残っていないことを考えると、欧米であれば安楽死を考えるケースだそうである。理屈ではその選択のあることを受け入れても、とうとう最後まで安楽死は決断できなかった。安楽死はもちろん本人の苦しみを少しでも軽減するためであるが、苦しいなかでも必死に生きようとしているシータに、死を与える権限が自分にあるのか疑っていた。そこまでこちらが絶対者にはなれない。そういう反応は日本の飼い主の特徴だと獣医さんから聞いた。偶然ラジオで聞いた獣医さんへのあるアンケート調査では、安楽死を行った経験は多くの獣医さんが持っているが、自分から進んで安楽死はさせたくないというのも多数意見であった。そもそも人間社会で安楽死が合意できていないのに、犬に対してはできるのか、その違いはなにか？もしかして、犬を苦しませないためといいつつ、その安楽死は、苦しむのを見たくない人間、終末看護を避けたい人間のためなのではないか？

診断を聞いた後、何百回と一緒に散歩してまわった江戸川の夕日の土手を目にするたびに、いままでのことがぐるっと思い出されて悲しくなった。シータと歩いた光景の隅々が思い出される。夏の日が落ちるまで、川原にキツネの親子が姿を現すのを一緒に待ったこともある。シータを悲しんでいるのか？　シータと散歩していた自分を悲しんでいるのか？　引き返せなくなった思い出を悲しんでいる自分がたしかにいる。シータが死んだら、どうしようかとつぎのことを考えている自分もいる。

旅に病んで夢は枯れ野を駆けめぐる

芥川龍之介の「枯野抄」を思い出した……芭蕉の臨終に集まっても、みな自分を悲しんでいる。

うちの三女だといって可愛がってきたつもりだったが、長女、次女のように、パーソナリティにまで向き合えたわけではない。ほんとうの子どもであれば最後に自分が追い越されるところまで成長は続き（こちらの老化が重なり）、子育てのやりなおしもできない。しかし、犬はしつけが終わった段階で責任がほぼなくなる。うまくしつけられないと多少迷惑をかけるかもしれないが、そのときもやることをやればよい。問われるのは飼い主としての他人への責任で、迷惑をかけなければどう育とうと他人にいわれる筋合いではない。別の犬を飼いなおすことだってできる。責任がすぐに軽くなる便利な子育てのミニアチュア。それなのに、犬は反逆もせず全面的に慕ってくる。

人間にとってのこういう都合よさを与える隠れた要素として、寿命のずれがあるかもしれない。犬の成長期間は一、二年と短く、その一生は手応えを感じる程度に長いが、別の新しいつきあいを体験することもできるほどには短い。それは猫も同じだ。

そういえば、犬は馬鹿だと猫好きの友人がいった。しかし、犬と猫は向いている方向が逆なだけで、人と深く関係しながら生きている点で違いはなかろう。

現在、日本の犬の八割以上が純血種だという。猫は二割弱。病気を考えると、純血種にこだわることの罪は小さくない。純血種であることはもちろん犬が望んだことではなく、純粋に人間の勝手である。疾患のことを考えれば、犬は雑種であるほうが一般には健康的で、よほど幸せかもしれない。「純血」、「雑種」といういい方がすでにある種の偏見を含んでいる。最近は雑種といわずミックスというようで、意図的な交配というニュアンスを込めたのかもしれないが、いいかえても言葉の含むバイアスは変わらない。雑種は生物学的には「雑・種」ではない。雑種であろうと純血種であろうと、純粋な（！）イヌというオオカミの亜種の一員である。人間が、厳密な生殖隔離を行い、多様な表現型を強烈に選択して、二、三十年からせいぜい百年そこそこという、生物進化からするとほんの一瞬で、たくさんの変種（品種）をつくってきた（秋田犬も、ハチの時代の秋田犬と、現代の日本の秋田犬、そしてアメリカの秋田犬は違うという）。

さまざまな猟犬や使役犬もあるが、とくに近代は愛玩のため、視覚的、性格的にさまざまな特徴を強調した品種がつくりだされた。ブルドッグのように出産に帝王切開を必要とするものまでいる。では遺伝子がそれだけ違っているかというとほとんど同じ、少なくとも通り一遍のゲノム解析では、表現型の違い（品種）をつくった遺伝子の変異や組み合わせを見つけるのもむずかしいだろう（遺伝子型と表現型の対応を探す研究は進歩が早いので、いろいろな病気の原因遺伝子と同様、少しずつ結果は出てくるかもしれないが）。

三月八日のシンポジウムで動物行動学が専門の武内ゆかり先生が紹介されたなかに、キツネを家畜化して「イヌ」様の品種を育種した話があった。それは旧ソ連時代の一九五〇年代から、遺伝学者ドミトリ・ベリャーエフが四〇年近くかけて続けた、壮大な家畜化の実験である。彼は野生のギンギツネをたくさん集めてきて、人なつっこい性質の個体同士で掛け合わせを繰り返した。攻撃的なキツネ同士を掛け合わせるという対照群の実験もしっかりしていた。人なつっこい群では六世代後には早くもイヌ的兆候が現れ始めたという。その後、尻尾を振ったり、鼻をクンクンさせたり、耳が垂れたりと、イヌのようなキツネになっていった。もちろんいまの世界中のイヌはキツネ由来ではなく、古いユーラシアのオオカミに由来することがわかっている。しかし、一万年前か二万年前のあるころ、意外に短期間のうちに、オオカミの一部からイヌをつくりあげた、という説がまさに実感できる話である。

いずれにしろ、イヌもネコも、すべての品種を人間がつくりあげただけでなく、イヌやネコという生物そのものをつくったのが人間らしい。逆から見れば、イヌやネコは、ヒトの希望に従ってこの世に現れ、いまもヒトを補完するような形で繁栄を見せている。それも自然のひとつのあり方なのだろう。

日本中で純血種が求められる風潮を、あえて人間に置き換えれば、近親交配と人種差別をみんなで推進しているようなものだ。「差別」はいいすぎかもしれないが、強烈な区別ではある。品種や血統の保持に価値を置くのは、人間なら優生学を連想させるきわめてデリケートな問題となるが、イヌではそういうとらえ方をされない。もちろんこれはイヌに限らずほかの動物でも植物でも、人間にとって育種とはそういうものかもしれない。ただし現在のイヌの育種は、直接的な有用性よりも人間の好みの多様性によって多品種が展開されていく点で、花の育種に似ているかもしれない。多品種の純血志向は、結果的にはイヌの多様性を広げとどめる働きをしているのかもしれない。
ジャパンケネルクラブでは約一九〇犬種が登録されている。これがほぼ日本での純血種(1)。それぞれの犬種には詳細な基準があり、体格や、毛の色、模様や、耳や尻尾の立ち方、巻き方など、基準を満たさないと「失格」あるいは「ペナルティ」が課せられる。こういうことを聞くと少なからず義憤を感じてしまう。犬にいわせれば、人間が勝手に基準を決めて、勝手に合格・失格を決めるなよと。犬の人格はどうなる？ もちろんその基準はショードッグなどに限ったもののはずだが、実際にはペット市場もその基準を反映して値がつけられる。失格した花なら店に出ずに捨てられよう。生まれて失格とされた犬は、表に出る前に殺されることがあっただろうか？ しかし花とは違って犬には知覚があり、認識があり、喜怒哀楽がある。

シータは一歳のとき、避妊手術を受けた。雌犬特有のがんからは解放され、生理的にマイナスの影響は見られないと獣医さんからも説明を受けた。避妊により想定外に妊娠する危険性と責任（？）もなくなった。それでも、おめでたい性格のシータに対しては死ぬまで、基本的人権を奪ったようなすまない気持ちを感じてきた。

シータとのつきあいは、ペットショップをまわっているうちに、あるお店で裏から連れてこられた片手に乗るほどの小さな子と、気が合ってしまったことから始まった。それまでにまわっていたお店で、尻尾を振っていたバーニーズマウンテンドッグや、六カ月になっても売れなかった気立てのよい真っ黒のラブラドールレトリーバーは、大きすぎてうちでは飼えなかったが、あの子たちはその後どうなっただろうか？　需要以上に誕生させられ、売れ残った犬たちの多くはやはり処分されたのだろうか？

私は、シータが死ぬ前からつぎつぎに飼う犬のことがときどき想像され、自分はシータに向き合っていたのではなくて、犬に向き合っていたのかと申しわけなく思った。犬が死んだ後、飼い主には正反対の二つの反応があるようだ。昔、実家で飼っていた犬が死んだとき、かわいそうでもう犬は飼えないと母親はいった。でもさらに昔、そういう母の実家では祖父が、長く可愛いがっていた雑種犬が死ぬとすぐに若い雑種に同じ名前をつけて飼い始めた。番犬の目的もあったであろうが。

ペットフード協会による全国犬猫飼育実態調査(2)では、犬や猫を飼ううえでの阻害要因の第一位は、「集合住宅なので飼えない」ということになっている。しかしじつは、別の回答選択肢となっている「別れがつらい」、「死ぬとかわいそう」、「ペットを亡くしたショックが癒えていない」の三つをあわせると一位となり、とくに高年齢者でそういう意見が強くなっている。ペットフード協会のアンケート調査なので、ネガティブな印象に注目が行かないように、回答の選択肢を分散させたのかもしれない。しかしそれだけ、ペットの死というのは、飼い主の心に重たくのしかかる問題のようだ。

気の引ける連想ではあるが、ペット市場は奴隷市場に似ている。そもそも犬に値段をつけて売買するのだし、シータもペットショップの開店一周年記念セールで二万円のディスカウントをしてもらった。犬は傷つけられても車にはねられても、「器物損壊」。人類の長い歴史の末に勝ち取られた、自由と平等や基本的人権の尊重という原則は、どんなに大事にしている犬にも適用されない。どうしようもない人間の身勝手さは、犬や猫の場合には、家族に準じる存在であると矛盾が集中する。

このところ、北関東などの各地の河原や山野で、何十匹という小型犬や幼犬の遺体あるいは瀕死の生体が遺棄されていたというニュースが相次いでいる。じつは最近に限った話でもなく、数年前からそのような話題が各地で聞かれるようになった。おそらく犯罪としては、動物愛護管理法違反と廃棄物処理法違反になるのであろう。

環境省の統計資料[3]によれば、二〇一三年度の全国行政機関における犬の引き取り数は、合計で六万八一一匹。そのうち約五分の一が飼い主からの引き取り（すなわち飼育放棄）、五分の四が迷子を含めた所有者が不明の引き取りである。引き取られた六万八一一匹の行方としては、四分の一弱がもとの飼い主への返還、またそれと同じくらいの犬が新しい飼い主に引き取られ、残り半分が殺処分（現在はおもに二酸化炭素による）されている。猫の場合は、飼い主からの引き取りでも、所有者不明の引き取り（捨て猫）でも、子猫が圧倒的に多くなる。そして、犬猫の年間殺処分数は一二万八二四一匹。これは作業できる時間を考えて平均すると、一時間に一〇〇匹以上が殺されている勘定になる。それでも、この殺処分は近年大きく減ってきてこの程度である。犬の殺処分数二万八五七〇匹というのは九年前の一八パーセントに、猫の殺処分数九万九六七一匹というのも九年間で四二パーセントに減ってきている。

殺処分が減ってきたのは、ペットブームがピークを過ぎたことも影響しているだろうが、「動物の愛護及び管理に関する法律」（動物愛護管理法）[4]が二〇一二年八月に改正され、二〇一三年九月に施行されたことおよびそれに至る動向が大きいであろう。この改正では、飼い主と動物取扱業者に対し、「社会に対する責任」だけでなく動物に対する「命を預かる責任」、とくに「終生飼養の確保」を求めている。具体的には飼い主に対してだけでなく、業者にも、売れなかった犬や猫を、命を終えるまで責任をもって飼養することが求められるようになった。それに対応して自治体の行政機関でも、その終生飼養に反する理由で持ち込まれた場合には、引き取りを拒否できるようになった。それまであまりに安易に、殺処分が行われてきたのである。

前述の殺処分データは年度途中で法の改正が施行された年のものであるが、殺処分の減少傾向がそれまでより加速されたように見える。今後どこまで減るのか興味深い。日本社会としては、一歩前進したと思うが、一方、そのように出口を絞ったことで、罰則がほぼ二倍に重くなったにもかかわらず、山野への遺棄事件が頻発するようになったのであろう。なお、飼養責任者の判断による動物の安楽死は、時代を通して基本的に黙認されていると いう点は、以上の議論の表面には現れないが、忘れてはならないことだと思う。

私は東大農学部で「生命倫理」の講義をお世話している。もとより倫理はまったくの門外漢であるが、私自身はシリーズ初回のイントロだけ講義し、学内外のたくさんの講師にご協力を仰いで、他学部からの受講生も多い人気講義になっている。ヒトは、ヒト以外の生命を食べることによって生きている。そのための持続的、合理的な総合技術が「農」だと私は考えている。したがって農は、そして食を通じてすべての人間は、生命倫理として一般にイメージされる人間の生命倫理を超えた、根源的な生命倫理に潜在的に向き合わざるをえない。「もったいない」という価値観だって、その生命倫理の一断面である。私は無責任にもよい答えを持ちあわせていないが、皆で考えていく価値がある。講義の最後に学生に課題を出してみた。「人の生命を同等に尊重するべきことは自明のように思える。一方我々は、ほかの生物（由来のもの）を食べて生きている。では、生命を尊重するべきというのは人間に限った約束事だろうか。そこで問い：人間は、他の生物（家畜、ペット、野生動物、虫、魚、作物、雑草、微生物、等々）の生命をも尊重するべきだとすれば、どこに、どういう価値観と合理性（根拠）をもって、線を引くべきだと考えますか？」

じつに多様な答えが返ってきた。当然ヒトとほかの生物との間に大きな境界線がくるが、それ以外の、あるいは第二の線は人によってさまざまであった。ヒトといっても家族とそれ以外では違う。動物でも哺乳類とそれ以外では違うとする意見がある。でも、なぜ哺乳類というくくりなのか？　ヒトの役に立つか／害をなすか（あるいは／中立か）？　食用家畜や伴侶動物を別格に重視する意見は多い。しかし、殺す動物の生命を尊重するというのか？　ヒトが食物連鎖に組み込まれているのを認めながら、ヒトが自然の平衡（正確には定常状態だろう）を乱さないようたしなめる意見。そこには、自然のバランスまで考える知恵を持ってしまったことへの責任も見える。しかし、ヒトの個体数が、食物連鎖の頂点で、均衡状態をはるかに超える七〇億にまでに増殖したという問題の出発点には目が届いていない。ヒトの思考、感情、感覚、快不快のアナロジーで、ほかの生物を擬人化する見方も多い。すべての生物は生きる権利があるので尊重されるべき、という意見がある一方で、ヒトが人間中心主義から逃れられないことを認めつつ、ヒトとの距離として、生物学的系統よりは、生活とのかかわりの深さによって他生物を見ようとする意見が多い。

なお、いまの生物教育の問題だろうか、種としての繁栄を求める本能が、すべての生物に先験的に組み込まれていると考えている学生が多いのに驚く。これは「種概念」の履き違えで、一四一四の生き物に種概念なんて存在しない。ひとりの人間の繁殖行動のおよぶ範囲は限られている。移動範囲も限られている。はたして、人間には行動範囲を超えて「ヒトの繁栄」を共通に求めるような欲求があるだろうか？

ヒトが地球の裏側まで種として、欲求と価値観を共有していると考えるのは、本能とかではなく、それこそ倫理の問題、あるいは平和な社会生活を営むための後天的な教育が、人間の生命の価値の平準化を求めるのである。本心から、自分のペットよりすべての人間を等しく上位に置けるのかは疑わしい。アドルフ・ヒトラーが、ブロンディという雌のジャーマンシェパードを溺愛したことは有名である。

ヒトは殺し合い、ヒトの間の憎しみと争いこそもっとも激烈になりうる。それなのに、どんな人物でも殺傷すれば重罪となり、どんなに愛する犬でも車にはねられたら器物損壊にしかならない。そういう区別は、人間社会の強烈な約束事である。ヒトの生命を同等に尊重することも、そして、ヒトとほかの生物との間に大きな境界線があるのも、じつは自明なことではない。

私は事実を指摘することしかできないが、東京の食を支えるために、毎日約四〇〇頭の牛と約九〇〇頭の豚が処理されている。おそらく欧米では、人口比ではさらに規模が大きいのであろう。そしてニワトリは、高病原性鳥インフルエンザが発生するたびに、多くの健康な鳥を含めた数万羽、数十万羽が殺処分される。ワクチンが投与される場合も予防が目的ではない。ひとえに感染拡大を防止するためで、最終的にはやはりすべてが殺処分される。もしこういう事態になんらかの責任があるとするならば、その食で生きているわれわれすべてが負うべきものだろうし、少なくとも知るべきだろう。

学生の回答では、ヒト以外では、この食用家畜と他生物の間で線を引く意見が多かったが、じつは私には、食用家畜から魚や虫に至るまで、命の重さに関する価値観は連続しているように感じられる。さらにコメや野菜や微生物まで、といえばうそになるが、しかし私の課題に対して、私自身は明確な線が引けない。

「忠犬ハチ公」はあまりに有名で、子どものころから聞かされ、東京に出て「ハチ公」に出会っても語られるのはすべて同じ話であった。どうやらその頭についた「忠犬」がなんともじゃまをして、私たちはハチと上野博士の関係を正当に考えてこなかったようだ。「いとしや老犬物語」という朝日新聞記事で、ハチが日本中で有名になったのは、まさに爆弾三勇士、肉弾三勇士の上海事変と同じ昭和七（一九三二）年であった。その二年後には（初代の）忠犬ハチ公像ができ、修身の教科書にも載るようになった。上野英三郎教授という希代の重要人物が飼い主であっても、そういう「忠犬」を考えることは、東大としてはばかり多かったかもしれない。そしてその「忠犬ハチ公」は、死んでもなお八〇年、渋谷でひとり上野博士を待ち続けている。しかし、「忠犬」は、ほんとうは上野博士もハチ自身も与り知らぬことで、むしろ迷惑なことだっただろう。いまから博士の心、ハチの心の中に入って行くことはできないが、きっと博士もハチも、当時としてはむしろめずらしく、ただただ、たがいにひとつに心を通わせていただけなのであろう。

三年前の二月末、はじめて山形県鶴岡市の黒川能を観に行く機会があった。その雪の里にもハチがいた。ハチの生まれ故郷の秋田県大館市に、ハチの銅像があるのは少し知られている[5]が、ここ鶴岡市藤島庁舎（旧藤島町役場）の玄関にも、渋谷のハチとそっくりの石膏像が静かに座っていた。「士1947」の刻印があるので、二代目ハチ公像の作者、安藤士（あんどう・たけし）氏の作、渋谷のハチよりちょっと前脚を突っ張っているようにも見える。二代目ハチ公像の試作品らしい。このハチ公像は、藤島に落ち着くまでに所有が転々とし、数奇な運命をたどったらしい。私の問い合わせに齋藤さんという県の職員が親切に対応してくださった。土曜の朝、大雪のなかを庁舎までわざわざ出てこられ、私は、通用口から入ってハチ公像と面会することができた。このハチ公像は、ふだんＪＲ鶴岡駅に出張していて、駅に雛人形の飾られる二カ月間だけ藤島庁舎に戻ってくるらしい。このちょっとまだ生硬さの残る「ハチ公」は、しかし鶴岡で愛されていた。藤島駅まで戻る途中、タクシーがスーパー跡地の藤島ふれあいセンター広場に寄ってくれた。降り積む雪の山から頭を出している、ハチのレプリカ像と、扇形の「ハチ公広場」の看板が暖かかった。

現在、日本で飼われている犬は一千万頭を超える。[6] 驚くことにこれは、小学校、中学校の就学期の子どもの総数をも上回っている。猫もほぼ同数飼われているので、日本の犬と猫の総数は日本の未成年人口にほぼ匹敵する。

一般人五万人に「生活に喜びを与えるもの」を尋ねたアンケート[6]では、複数回答で三割の人がペットをあげており、そのうち犬や猫の飼育者では八割の人が家族と並んでペットをあげ、趣味や、健康、食、友人、仕事を上回っている。飼い主にとってペットは、ペットという言葉のイメージをはるかに超えた、かけがえのない特別な存在となっている。といって、伴侶動物、コンパニオンアニマルといいかえればふさわしくなるわけでもない。

人間は、犬や猫に、じつに勝手な都合のよい役割を押しつけてきた。しかし犬や猫は、それに甘んじながらも、したたかに人間をつかんでいる。人間は、自らの生物的な身体ではもう納まりきれない権力と、制御しがたい心を持ってしまった。一部の人間は、そのギャップから生じる生理的な渇仰を、犬や猫に求めているのかもしれない。私は、犬のなかに自分を見ていたような気がする。犬が辺りかまわずぶつかってくると、ふだん隠していた自分が思わず姿を現してしまう。人間のエゴをも見せてくれる。

ハチの話には悪人が登場しないので、日本中の多くの人が、ハチに心を重ねることができる。鶴岡のハチは、渋谷のハチとそっくりなのに、「忠犬ハチ公」ではないハチ公広場のハチとして親しまれていた。大館のハチは、秋田犬としてのプライドを持っている。三重県の久居のハチは上野博士に可愛いがられている。そして東大の、このたび完成した上野博士に飛びつくハチが、これからの動物と人とのさまざまな深い関係を象徴してくれることを祈っている。

（まさき・はるひこ　分子育種学）

あとがき

一ノ瀬正樹・正木春彦

『東大ハチ公物語』、それがようやくここに送り出されることとなった。編集作業を終えて、少しほっとしている。思えば、異例づくめの仕事であった。そもそも、研究と教育を本務としている大学教員として、一匹の犬の物語をめぐって、像を建てたり、論集を出したりなど、東京大学に勤務し始めたときには、まったく想像もしていなかった展開である。ましてや、そうした活動が、まわりめぐって、もしかしたら、自分たちの研究や教育にも積極的な影響をおよぼしうるかもしれない、ということなど、想定外もいいところである。ただ、そうしたポジティヴなことは、いまだからいえることで、ここまでたどり着くのにも、相応のハードルがあった。本務ではない、しなくともよいことなのに、編者たちも含めて、何人もの人々が、熱意をもって事にあたり、ここに至ったのである。はたしてなにがこのような労働を動機づけたのだろうか。いまとなっては、なぜなのか、自分たちでも判然としない。しかし、私たちにとってきっかけとなったことはたしかにあった。二〇一五年がハチ没後「ハチ十年」にあたる、ということである。この時期に偶然的に東大にかかわっている者として、このときをみすみすやり過ごしてよいのだろうか。まして、世間では、東大とハチのつながりについて、あまり認知されていない。だったら、このタイミングで、上野博士とハチのことを報知する活動にも、なにがしかの意味があるのではないか。けれども、それだけでは、「東大ハチ公物語」というプロジェクトに注がれた労力は説明できない。やはり、ハチと上野博士のきずなの「純真さ」に対する素朴な感動、そのようにしか表現できない、なにか人々を突き動かすエネルギーのかたまりのようなもの、それが根底的に私たちを誘導していたように思う。もし多くの人々が「東大ハチ公物語」に関心を抱き、そこからなにかぬくもりや温かい情動を受け取るのだとしたら、やはりそれも、こうしたエネルギーに導かれたものなのではないだろうか。

むろん、異論はあるだろう。たかが犬一匹、たかが飼い主だったにすぎない（そしてそれがたまたま東大教授だったにすぎない）、なにほどのことがあるか、と。しかし、「たかが犬一匹、たかが飼い主、されど一匹の希有な犬、されどその飼い主」である。価値というものの多くは、もともと客観的なものではなく、私たちの思い入れである。その思い入れによって、どのような効果が、どのような励ましが得られるか、そこにかかっている。しかしもはや、その評価については、読者の方々にゆだねるばかりである。

本書がなるまでに、多くの方々の恩恵を受けた。「東大ハチ公物語」のプロジェクトを立ち上げていただいた、長澤寛道・前農学部長、古谷研・現農学部長、のお二人に、まずは心からの感謝の意を伝えたい。そのご協力がなければ、なにも始まらなかった。そして、プロジェクトを側面から強力に支援していただいた、林良博・元農学部長にも深くお礼申し上げたい。また、コラムの執筆をご快諾いただき、ご寄稿いただいた、関係者の皆様にも、感謝の意を表したい。さらには、時間的に厳しい日程のなか、編集の作業を手際よく進めてくださった、東京大学出版会編集部の光明義文氏に、厚くお礼申し上げたい。光明氏の絶妙な差配こそが、本書完成の原動力であった。

本書が、多くの人々にとって、いのちの切なさと純真な心に思いをいたす機会となりますように。

平成二七年一月

参考文献

第1話

コレン，スタンレー．1998.『哲学者になった犬』(木村博江訳)．文藝春秋，東京．

ドゥグラツィア，デヴィット．2003.『動物の権利』(戸田清訳)．岩波書店，東京．

一ノ瀬正樹．2006. 哲学者の顔．DALSニューズレター, No.13:2. URL:http://www.l.u-tokyo.ac.jp/shiseigaku/pdf/NL13j.pdf#search='%E5%93%B2%E5%AD%A6%E8%80%85%E3%81%AE%E9%A1%94'

一ノ瀬正樹．2011.『死の所有——死刑・殺人・動物利用に向きあう哲学』．東京大学出版会，東京．

一ノ瀬正樹．2013.『放射能問題に立ち向かう哲学』．筑摩書房，東京．

Shepard, P. 2008. The pet world. In (Armstrong,S.J. and R. G. Botzler, eds.)*The Animal Ethics Reader: 2nd ed.* pp.551-553. Abingdon, Oxon: Routledge.

第2話

愛犬の友編集部(編)．1952. 日本名犬写真大観（愛犬の友臨時増刊)．(株)誠文堂新光社，東京．

愛犬の友編集部(編)．1953. 日本犬大観（愛犬の友臨時増刊)．(株)誠文堂新光社，東京．

愛犬の友編集部(編)．1963. 改訂秋田犬読本．(株)誠文堂新光社，東京．

秋田犬協会．2001. 秋田犬協会名犬集．秋田犬協会，神奈川．

秋田犬新聞社．1963. 秋田犬大観．秋田犬新聞社，秋田．

林　正春(編)．1991. ハチ公文献集　私家版．理想社印刷所，東京．

日本犬保存会. 1932. 日本犬. 第1巻第2号. 日本犬保存協会.
岡田睦夫. 2002. 往古日本犬写真集. (株)誠文堂新光社, 東京.
大館シティポータルサイト. 2013. http://odate-city.jp/?page_id=3359 (2014年8月30日閲覧)
斎藤弘吉. 1964. 日本の犬と狼. 雪華社, 東京.
櫻田　豊. 1994. いぬ歳・秋田犬に因んで. 私家版.
山﨑　薫. 2005. 秋田イヌの人文および自然科学的解析——日本アキタとアメリカアキタの違いからわかること. 麻布大学博士論文.
Oguro-Okano,M.,M.Honda,K.Yamazaki and K.Okano. 2011. Mutations in the melanocortin 1 receptor, β-defensin 103 and agouti signaling protein genes, and their association with coat color phenotypes in Akita-inu dogs. The Journal of Veterinary Medical Science / The Japanese Society of Veterinary Science, 73(7): 853-858.

第3話

アニコムホールディングス. 2012. アニコム家庭動物白書. アニコムホールディングス, 東京.
林　良博. 2008. 人と動物の共存を目指して. 学士会報, No.870：60–74.
中山裕之. 2005. 動物にアルツハイマー病はあるのか——老齢犬の脳病変から老化の進化を考える. 獣医畜産新報, 58: 757-764.
中山裕之・内田和幸. 2012. 新たに判明した忠犬ハチ公の死因について. 日本獣医史学雑誌, 49: 1-9.
小川益男・林谷秀樹. 1997. 小動物の平均寿命. Pro-Vet,10 (Suppl.):19-23.
内田和幸・藤原玲奈・佐々木伸雄・中山裕之. 2011. 新たに判明した忠犬ハチ公の死因に関する病理学的所見. 日本獣医師

会誌，64: 754-758.
Dennis, C. 2006. Endangered species: time to raise the devil. Nature, 439: 530.
Murgia, C., J. K. Pritchard, S. Y. Kim, A. Fassati and R. A. Weiss. 2006. Clonal origin and evolution of a transmissible cancer. Cell, 126: 477-487.

第４話

ダワー，J.（三浦陽一・高杉忠明・田代泰子訳）．2001．敗北を抱きしめて――第二次大戦後の日本人（上・下）．岩波書店，東京.
遠藤秀紀．2001．ウシの動物学（アニマルサイエンス②）．東京大学出版会，東京.
遠藤秀紀．2002．哺乳類の進化．東京大学出版会，東京.
遠藤秀紀．2006．遺体科学の挑戦．東京大学出版会，東京.
遠藤秀紀．2006．解剖男．講談社，東京.
遠藤秀紀．2013．パンダの死体はよみがえる．筑摩書房，東京.
林　正春（編）．1991．ハチ公文献集　私家版．理想社印刷所，東京.
猪熊　壽．2001．イヌの動物学（アニマルサイエンス③）．東京大学出版会，東京.
三浦慎悟．1998．社会（哺乳類の生物学④）．東京大学出版会，東京.
斎藤弘吉．1963．犬科動物骨格計測法　私家版．国際文献印刷社，東京.
斎藤弘吉．1964．日本の犬と狼．雪華社，東京.
正田陽一．1987．人間がつくった動物たち――家畜としての進化．東京書籍，東京.
Dayan, T. 1994. Early domesticated dogs of the Near East. Journal of Archaeological Science, 21:633-640.
Germonpréa, M., M. V. Sablinb, R. E. Stevensc, R. E. M.

Hedgesd, M. Hofreitere, M. Stillere and V. R. Després. 2009. Fossil dogs and wolves from Palaeolithic sites in Belgium, the Ukraine and Russia: osteometry, ancient DNA and stable isotopes. Journal of Archaeological Science, 36:473-490.

von Holdt, B. M., J. P. Pollinger, K. E. Lohmueller, E. Han, H. G. Parker, P. Quignon, J. D. Degenhardt, A. R. Boyko, D. A. Earl, A. Auton, A. Reynolds, K. Bryc, A. Brisbin, J. C. Knowles, D. S. Mosher, T. C. Spady, A. Elkahloun, E. Geffen, M. Pilot, W. Jedrzejewski, C. Greco, E.Randi, D. Bannasch, A. Wilton, J. Shearman, M. Musiani, M. Cargill, P. G. Jones, Z. Qian, W. Huang, Z.-L. Ding, Y.-P. Zhang, C. D. Bustamante, E. A. Ostrander, J. Novembre and R. K. Wayne. 2010. Genome-wide SNP and haplotype analyses reveal a rich history underlying dog domestication. Nature, 464:898-903.

Ovodov, N. D., S. J. Crockford, Y. V. Kuzmin, T. F. G. Higham, G. W. L. Hodgins and J. van der Plicht. 2011. A 33,000-year-old incipient dog from the Altai Mountains of Siberia: evidence of the earliest domestication disrupted by the last glacial maximum. PLoS ONE, 6: e22821.

Pang, J.-F., C. Kluetsch, X.-J. Zou, A.-B. Zhang, L.-Y. Luo, H. Angleby, A. Ardalan, C. Ekström, A. Sköllermo, J. Lundeberg, S. Matsumura, T. Leitner, Y.-P. Zhang and P. Savolainen. 2009. mtDNA data indicate a single origin for dogs south of Yangtze River, less than 16,300 years ago, from numerous wolves. Molecular Biology and Evolution, 26:2849-2864.

Thalmann, O., B. Shapiro, P. Cui, V. J. Schuenemann, S. K.

Sawyer, D. L. Greenfield, M. B. Germonpré, M. V. Sablin, F. López-Giráldez, X. Domingo-Roura, H. Napierala, H.-P. Uerpmann, D. M. Loponte, A. A. Acosta, L. Giemsch, R. W. Schmitz, B. Worthington, J. E. Buikstra, A. Druzh-kova, A. S. Graphodatsky, N. D. Ovodov, N. Wahl-berg, A. H. Freedman, R. M. Schweizer, K.-P. Koepfli, J. A. Leonard, M. Meyer, J. Krause, S. Pääbo, R. E. Green and R. K. Wayne. 2013. Complete mitochondrial genomes of ancient canids suggest a European origin of domestic dogs. Science, 342:871-874.

Vilà, C., J. E. Maldonado and R. Wayne. 1999. Phylogenetic relationships, evolution and genetic diversity of the domestic dog. Journal of Heredity, 90:71-77.

第５話

林　正春(編). 1991. ハチ公文献集　私家版. 理想社印刷所, 東京.

牧　隆泰. 1972. 農業土木学の始祖　上野英三郎博士の足跡——生誕百年を記念して. 農業土木学会誌, 40（1）：9-22.

白根記念渋谷区郷土博物館・文学館. 2013. 特別展ハチ公. 白根記念渋谷区郷土博物館・文学館, 東京.

田渕俊雄. 1999. 世界の水田・日本の水田. 農村漁村文化協会, 東京.

上野英三郎. 1905. 耕地整理講義　明治 38 年. 所収（農業土木古典復刻委員会, 編：農業土木古典選集 明治・大正期３巻　耕地整理）pp.1-461. 日本経済評論社, 東京.

エピローグ

（1）http://www.jkc.or.jp/modules/worlddogs/

（2）犬 / 猫を飼育する意向のある約 1300 人へのインターネット

調査をもとにした 2014 年の推計値.
http://www.petfood.or.jp/data/chart2014/08.html

(3) 環境省統計資料：犬・猫の引き取り及び負傷動物の収容状況（平成 24 年度）
http://www.env.go.jp/nature/dobutsu/aigo/2_data/statistics/dog-cat.html

(4) http://www.env.go.jp/nature/dobutsu/aigo/1_law/

(5) そのほか 2012 年 10 月に，上野博士の故郷である三重県津市久居に，上野博士と幼いハチ公の銅像が建立された.

(6) 約 5 万人のインターネット調査をもとにした推計値.
http://www.petfood.or.jp/data/chart2014/
なお，厚生労働省による 2013 年度犬の登録件数は約 675 万頭，狂犬病の予防注射数では約 490 万頭となっている.
http://www.mhlw.go.jp/bunya/kenkou/kekkaku-kansenshou10/02.html

執筆者一覧（執筆順）

一ノ瀬正樹（いちのせ・まさき）［プロローグ、第1話、あとがき］　東京大学大学院人文社会系研究科・教授

松井圭太（まつい・けいた）［エピソード1］　白根記念渋谷区郷土博物館・文学館・学芸員

新島典子（にいじま・のりこ）［第2話］　ヤマザキ学園大学動物看護学部・准教授

林　良博（はやし・よしひろ）［エピソード2］　国立科学博物館・館長

中山裕之（なかやま・ひろゆき）［第3話］　東京大学大学院農学生命科学研究科・教授

長谷川寿一（はせがわ・としかず）［エピソード3］　東京大学大学院総合文化研究科・教授

遠藤秀紀（えんどう・ひでき）［第4話］　東京大学総合研究博物館・教授

溝口　元（みぞぐち・はじめ）［エピソード4］　立正大学社会福祉学部・教授

塩沢　昌（しおざわ・しょう）［第5話］　東京大学大学院農学生命科学研究科・教授

桑原敏武（くわばら・としたけ）［エピソード5］　渋谷区・区長

正木春彦（まさき・はるひこ）［エピローグ、あとがき］　東京大学大学院農学生命科学研究科・教授

［編者略歴］

一ノ瀬正樹（いちのせ・まさき）
一九五七年　茨城県に生まれる。
一九八八年　東京大学大学院人文科学研究科博士課程修了。東洋大学文学部助教授、東京大学大学院人文社会系研究科助教授などを経て、
現　在　東京大学大学院人文社会系研究科教授および英国オックスフォード大学 Honorary Fellow，博士（文学）。
主要著書　『死の所有――死刑・殺人・動物利用に向きあう哲学』（二〇一一年、東京大学出版会）、『確率と曖昧性の哲学』（二〇一一年、岩波書店）、『放射能問題に立ち向かう哲学』（二〇一三年、筑摩選書）ほか。

正木春彦（まさき・はるひこ）
一九五二年　福岡県に生まれる。
一九七七年　東京大学大学院農学系研究科修士課程修了。東京大学農学部助手、東京大学農学部助教授などを経て、
現　在　東京大学大学院農学生命科学研究科教授、農学博士。
主要著書　『日本の理科教育があぶない』（共編、一九九八年、学会センター関西／学会出版センター）、『生物間の攻撃と防御の蛋白質』（共編、二〇〇二年、共立出版）ほか。

東大ハチ公物語
上野博士とハチ、そして人と犬のつながり

発行日――二〇一五年三月八日　初版
二〇一五年五月一日　第2刷
検印廃止
編者――一ノ瀬正樹・正木春彦
デザイン――遠藤　勁
発行所――一般財団法人 東京大学出版会
代表者――古田元夫
一五三-〇〇四一　東京都目黒区駒場四-五-二九
電話：〇三-六四〇七-一〇六九
振替：〇〇一六〇-六-五九九六四
印刷所――株式会社 精興社
製本所――牧製本印刷 株式会社

ISBN 978-4-13-066162-1　Printed in Japan

Narratives of Hachi, Professor Ueno and the University of Tokyo:
The Connections between Humans and Their Dogs
University of Tokyo Press, 2015